习 惯 革 命

如何通过脑科学重塑你的行为习惯

[美] 吉娜·克莱奥（Gina Cleo） 著

余 莉 译

机械工业出版社
CHINA MACHINE PRESS

人类是创造意义的生物，你一定也希望掌控自己的人生，游刃有余地迎接生活抛来的一切考验，在改变中升华。然而长久以来，人们在做出改变时往往坚定地依靠自控力，这种方式导致改变的过程既艰难又痛苦，结果总是半途而废。那是因为我们忽略了习惯的力量。

　　本书通过探索习惯的运作方式及其背后的神经学原理向我们揭示了自控力资源的可耗竭性，认为只有把行为变成一种本能的和下意识的习惯，才能为我们的成功带来持久的改变。本书还为我们提供了养成新习惯和改掉旧习惯的实用策略。无论多大年纪且习惯多么根深蒂固，只要掌握科学的方法，我们都可以重塑自己的神经系统，通过改变习惯重启人生。

　　让我们一起踏上这趟变革之旅吧，用积极的习惯充盈自己的生活，抵达心中的向往之地。

　　北京市版权局著作权合同登记　图字：01-2023-5925 号。

图书在版编目（CIP）数据

习惯革命：如何通过脑科学重塑你的行为习惯 /（美）吉娜·克莱奥（Gina Cleo）著；余莉译. — 北京：机械工业出版社，2024.5
书名原文：The Habit Revolution: Simple steps to rewire your brain for powerful habit change
ISBN 978-7-111-75918-8

Ⅰ. ①习… Ⅱ. ①吉… ②余… Ⅲ. ①习惯性-能力培养-通俗读物 Ⅳ. ①B842.6-49

中国国家版本馆CIP数据核字（2024）第105906号

机械工业出版社（北京市百万庄大街22号　邮政编码100037）
策划编辑：刘怡丹　　　　　　责任编辑：刘怡丹
责任校对：贾海霞　李 杉　　责任印制：张 博
北京联兴盛业印刷股份有限公司印刷
2024年7月第1版第1次印刷
145mm×210mm·10.875印张·185千字
标准书号：ISBN 978-7-111-75918-8
定价：69.00元

电话服务　　　　　　　　　　网络服务
客服电话：010-88361066　　　机 工 官 网：www.cmpbook.com
　　　　　010-88379833　　　机 工 官 博：weibo.com/cmp1952
　　　　　010-68326294　　　金 书 网：www.golden-book.com
封底无防伪标均为盗版　　　机工教育服务网：www.cmpedu.com

致我亲爱的读者。

你们就是我的指路明灯和灵感源泉，

我怀着无限的感激之情将本书献给你们。

前　言

还记得你的第一堂驾驶课吗？

你可能在笨手笨脚地寻找车钥匙，反复检查后视镜，再三确认你的脚放在刹车踏板上而不是油门踏板上，最后才战战兢兢地抬脚使车向前缓慢滑动，还得把车速控制在限速以内，哪怕多 1 公里都不行。

把时针拨回现在，你也许正要抵达你曾驱车去过的地方，并且想："我当初是怎么把车开到这里的？不记得了。"那是因为对现在的你来说，开车已经成为一种自动化行为——一种习惯。

驾驶汽车曾经耗费你大量的精神能量和专注力，现在它已经变成了一种下意识的、自动化的和习惯性的行为。大脑会记住如何开车，因为那是你之前重复过很多次的事情。大脑不会在你已经学会的事情上耗尽精神能量，而是将你已经熟悉的驾驶动作存储在大脑的无意识区域，这样开车就成为一种本能且下意识的行为。

　　你也可以回忆一下第一次学系鞋带。我记得当时我的父母教我唱了一首歌，歌中唱道："活泼可爱的长耳朵的兔子从一个洞里跳到另一个洞里，美丽又大胆。"我记得我把自己的手指系在鞋带里了，那是不应该发生的；我记得我精心系好的鞋带刚一松手就散开来；我还记得由于我非要坚持自己系鞋带，结果害得父母出门晚了。就这样经过反复练习和多次失败的尝试，我能调动的每一个脑细胞都记住了该如何系鞋带。现在，我可以不假思索地把鞋带系好。在系鞋带的同时我还能思考下一步的行动，或者环顾房间看看钥匙和钱包在哪里。就像开车一样，我的大脑已经将系鞋带这个熟悉的动作转移到了大脑的自动化区域，使之成为一种本能和潜意识。这就是习惯。

　　想象一下你过着美好的生活，拥有健康的饮食习惯，坚持定期锻炼，睡眠良好，工作效率高，而且根本无须费力，因为所有这一切都是自然而然发生的。这就是以健康习惯为基础创造生活的力量！一旦你掌握了改变习惯的理论，并懂得如何付诸实践，就能将其运用到有关健康、幸福、心态、财务、人际关系和工作效率等方方面面。

　　假如你曾经设定了一个目标是要养成一个新习惯或打破一个旧习惯，而你却半途而废；假如你总是陷入"溜溜球"式减肥的恶性循环中，总是刷手机或者把闹钟设为贪睡模式；假如你想专注于做某件事，结果却做了另一件事……那么，你就是那个需要做出改变的人。改变习惯具有助你实现目标并长期坚持下去的力量，但你很可能从未接受过任何指导，并不了解自己该如何有步骤地成功改变自己的习惯——直到现在，依然如此。

在我的成长过程中，我目睹了祖父母因患 II 型糖尿病在用餐时间与食物奋力抗争。他们只能得到与其他家庭成员不同的食物。在甜点时间，他们不得不吃无糖果冻，而其他人却可以尽情享用含糖糕点和冰激凌。在我的埃及文化中，食物是非常重要的。我们通过盛宴来庆祝一切活动，因为食物本身就是基本的表达爱的语言。我家的看法是，如果没有美味佳肴，就算不上真正的生活，并且美食越丰盛，生活越快乐。但我的祖父母却无法与我们共享盛宴（我的意思是，无糖果冻也凑合，但跟糕点和冰激凌比起来就差一些了）。与其说共享盛宴，不如说是我希望他们能够享用更多的美食，体验更高质量的生活。

我想帮助更多像我祖父母这样的人，因此我完成了生物医学科学的学习并获得学士学位，随后又攻读了营养与膳食学硕士学位。作为一名营养师，我有幸帮助人们达成健康目标并让他们重拾信心。我曾在多家医院工作并经营自己的私人诊所。我很热爱自己的工作，但我开始注意到，病人的疗效往往只是昙花一现，短短几周或几个月后，他们又会重新回到诊所，等待继续朝着我们费了九牛二虎之力才达成的目标努力。一开始，我以为自己一定是个糟糕的营养师，也许是我对食物的热爱妨碍了我给出客观的建议。其他营养师也会遇到同样问题吗？我是不是做错了什么？

我决心帮助我的病人取得长期效果。为此，我开始搜寻循证策略，深入医学文献中寻找答案，读到了一些改变我人生轨迹的论点：任何为达成目标或改变习惯的尝试都具有压倒性的失败率。无论是减肥、健身、多喝水、戒烟、少饮酒、改善睡眠，还是减少使用科技产品的时间，大多数情况下，人们都会回到旧有模式和旧习惯中去，从而无法成功实现目标。

我读到的每篇文章都在重申一个事实，我们非常善于设定目标，但在长期坚持目标方面却并不擅长。看来我还不算是个糟糕的营养师。这种在朝着目标前进与不断反弹之间摇摆的"溜溜球"式生活，不仅存在于我的病人身上，也是大多数人的通病。事实上，多数减肥者最终都会在接下来的几个月或几年内恢复到原来的体重。[1]同样，新年伊始立下的决心多数到2月就会被人们抛之脑后。

在有了这一发现后不久，我决定暂时关闭私人诊所并开启我的研究之旅。我渴望得到答案，我想找寻可持续的解决方案，并希望能够帮助人们取得长久的成功。在接下来的4 年里，我攻读了习惯改变方面的博士学位，[2]并成为一名习惯研究者。

我阅读了期刊上每一篇关于如何养成持久习惯的文章，阅读过数百篇关于行为理论、心理学、社会学、神经科学、神经心理学和公共卫生干预方面的论文。所有成功的策略都指向一点：改变习惯。从长远来看，改变我们的习惯是唯一被证明对实现目标行之有效的方法。这就意味着，为了实现长期成功，通过在日常生活中做出持续不断的、可实现的和微小的调整可改变我们的习惯，这是唯一获得科学支撑的体系。真是醍醐灌顶！

在攻读博士学位期间，我与合作的研究人员设计并实施了我们诊所的临床试验，以便真正检验上述理论。其中一项研究[3]是聚焦体重管理，我们从社区中招募曾经多次尝试减肥都没能成功的参与者。他们被随机分成三组分别实施不同干预，看看随着时间的推移，改变习惯是否真的有助于他们维持减肥效果。

第一组接受习惯养成的干预——我们列出 10 条建议并要求他们每天尽可能多地重复。这些建议包括保持专注、保持规律饮食、每天走 10000 步等。

第二组接受习惯改变的干预——在随机的某天和某时，

随机完成一些任务。这些任务包括换不同的路线开车上班、听不同风格的音乐或联系一个久违的朋友——与体重管理无关。

第三组在我们的等候者名单里。用他们作为对照，不实施干预，这样我们就能看到实施干预措施与对照组的区别何在。12 周后，习惯养成组和习惯改变组的参与者体重都减轻了约 3 公斤。这与传统减肥方式的效果相当，不足为奇，我们的关注点是参与者如何维持减肥效果。通常情况下，减肥计划一结束减肥者体重也开始恢复。我们称之为 Nike Swoosh 式体重反弹——体重下降，然后反弹（通常反弹会变本加厉）。长期来看，无论是通过严格饮食还是运动减肥，或者服用减肥药物，体重反弹几乎都不可避免。

但令我们感到大为惊讶（也绝对兴奋）的是，无论是习惯养成组还是习惯改变组，参与者们都不仅在参与研究期间减掉了体重，在此项研究结束多年后，仍在继续坚持减肥，如图 0-1 所示。

尽管习惯养成干预和习惯改变干预两者的潜在机制不同，但无论是通过养成新习惯还是打破旧习惯实现减肥，两组参与者减肥的持续效果都十分显著。当我们养成新习惯的同时也在打破旧习惯，而打破旧习惯时，新习惯也应运而生。从根本上说，参与者之所以能取得不错的成绩，是因为这项研究专注于通过改变他们的习惯，进而改变其潜意识行为；专注于创造一致性、提升自动化水平、增强行为灵活性和自我调节能力——这些都是本书稍后将要介绍的极其重要的方法。

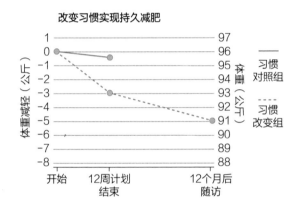

图 0-1　习惯对照组与习惯改变组对比示意

这样的成果在行为科学史上前所未有。看到参与者在研究结束后还能维持减肥效果，研究人员们兴奋不已。而看到他们在研究结束很长时间后还能继续坚持减肥这一行为科学方面取得的突破，我激动得在我的专业研究中心的走廊上手舞足蹈。没错，就是这样！人们再也不用陷入"溜溜球"式减肥的恶性循环中，再也不用为达成减肥目标而不断进行失败的尝试。

我采访了部分参与者，以期更好地了解他们在习惯改变计划中的体验。⁴他们与我分享的内容将证实我之前读到的关于长期性改变习惯的所有论点。他们纷纷告诉我，这些新的行为开始变得自动化，这意味着参与者甚至没有意识到自己还在做当初研究期间被要求做的事，因为这些事已经习惯化进而变成一种下意识行为。在研究结束后，习惯养成组仍然保持专注、保持规律饮食、每天走 10000 步；习惯改变组仍坚持改变生活日常，练习随机做之前从未做过的事情。最棒的是，他们做这一切，根本不用耗费任何精神能量和意志力，完全是下意识的。

我们的研究成果发表在一家很有声望的医学刊物上，发表后数小时就被其他媒体报道。紧接着，我便不停地接受世界各地主要新闻媒体一个接一个的采访。迄今为止，我已经接受了 200 多家媒体机构的采访。最终，我找到了一直在寻觅的答案——可持续的长久解决方案，这是对人们如何实现目标的革命——我迫不及待地想要与全世界分享。

我不会轻易使用"革命"一词。学会改变习惯正是让你的生活发生彻底革命的万全之策，这也就是我为什么会把这本书叫作《习惯革命：如何通过脑科学重塑你的行为习惯》。革命是彻底的转向，是根本性的激进变革，是推翻旧秩序建立新体系，是跳脱现状追寻新颖和独特。所有关于革命的定义在这里都适用，就是要长久地改变你的生活。

多年来，我一直从事习惯养成理论与实践的研究，并有幸目睹了改变习惯给许多人的生活带来的变革性影响。让我来告诉大家我自己生命中最刻骨铭心的一次经历吧，看看我是如何每天努力运用科学知识，让自己从一次重大挫折中重获新生的。

2014年，我开始正式研究"习惯"。那年春天，我遇到了我的"梦中情人"。我和室友决定把多余的房间租出去，所以我在网上发布了一则广告并声明"只限女性"（因为我们认为女性室友会少很多麻烦）。经过几周多次面谈未果后，我接到了一位先生的电话，他说想看看房子。他的声音听起来和善温柔，不但如此，见面后发现人长得也高大帅气。他当周就搬了过来。

我们一见倾心，迅速从室友变为朋友再成为恋人。我们的爱情像所有浪漫爱情诗描述的一样，让人如沐春风，又如电光火石。我们最终搬出了合租屋，一起买房并举行了美好的婚礼，眺望着美妙绝伦的内陆风光，我们的生活像"沉醉在梦里"，至少我是这么认为的。

结婚不到一年，事情变得不太对劲。我发觉我的丈夫无论从情感上还是身体上都与我越来越疏远，他就像一缕青烟——我明明看着他就在那里，却触摸不到。他变得难以接近，反应冷淡，情感上遥不可及。在一个百无聊赖的周六下午，我意外得知了令人震惊的背叛，这也导致我们的关系痛苦结束。我眼睁睁看着自己编织的锦绣生活在眼前碎了一地，却无力阻止。一切都是虚无，一切又都是真实存在的。发现的真相越多越令人窒息，这让我几近疯狂。不！这不可能是我的人生故事，不可能！

我不知道未来的方向在哪里，不仅如此，更要命的是我开始质疑自己的全部过去。我自认为对所发生的一切细节了如指掌，事实上它却在演绎着完全不同的故事。

心理治疗师埃丝特·佩瑞尔在她的《危险关系：爱、背叛与修复之路》一书中提到，不忠如此令人不安，是因为它攻击我们对过去的记忆，那是我们心灵深处最重要、看起来最可靠的部分。[5] 如果连曾经深信不疑的东西都开始质疑，我又怎么可能相信未来将要发生的一切？

人类是创造意义的生物，依靠连贯的叙事预测和调节未来的行为和感受。连贯性创造了一种稳定的自我意识，这是我们养成习惯的先决条件，因为它是持续的、稳定的和可预测的——就像我们的习惯一样。如果没有这种连贯性，我们就会感到疏离，这不光是我与我丈夫之间的疏离，也是与自我的一种疏离。

创伤性事件[6]挑战了我们对世界公正、安全和可预测的看法。创伤影响受害者身体和精神的方方面面，使其更有可能患上慢性病和其他身心疾病，并导致物质相关障碍。创伤也会严重影响受害者的人际交往能力，使他们的心灵变得敏感脆弱。创伤通过增强杏仁核——大脑的"情绪反应中枢"——的应激能力，引发更大的恐惧反应。同时，创伤会减少前额叶皮质的活动，前额叶皮质是大脑负责理性思考和逻辑推理的区域。如果这些还不够说明问题的话，创伤还会降低海马体的功能，海马体是大脑中主管学习和记忆的区域，它帮助我们区分过去和现在。正因此，我那一团乱麻的大脑才更容易感受到恐惧，变得更不理智，无法区别创伤性事件本身和之后的触发事件。唉，简直糟透了！

> 我们是创造意义的生物，依靠连贯的叙事预测和调节未来的行动和感受。

　　我经历了创伤后应激障碍（Post-Traumatic Stress Disorder，简称 PTSD）[7]，最严重的症状是病理性重现、噩梦、失眠和极度恐惧。刚开始，似乎任何一件小事都可能触发我的应激反应。送货车辆驶来时鹅卵石在车道上发出的声音（送货员一定发现了我每次在他送包裹的时候都要躲在房子后面）、黑色的汽车、咖啡的味道……我深陷痛苦的回忆中无法自拔，就像车灯下高度戒备的鹿、潘普洛纳奔牛节上迷路的孩子，每一秒都惊恐万分。

　　我的精神彻底崩溃，我丧失了做任何事情的能力，哪怕是照顾自己这样最基本的事情。当你想到每天早上的日常生活时，你可能会想到一个习惯链，例如起床、进入卫生间、洗澡、刷牙、穿衣服等。这些行为中还有很多细节：起床就意味着要关掉闹钟、叠好被子、把脚放在地板上；洗完澡需要一只手抓住毛巾顺次擦干身体，每天周而复始。但不知为何，我失去了所有熟悉感，那些习以为常的生活起居变得不再正常。对我而言，再也没有什么是正常的、确定的和安全的。

　　过去，我通过了解和改变自己的习惯重新站了起来，并从长达 10 年的与饮食紊乱做斗争中恢复过来（本书后面将做详细介绍）。现在，当我重新学习最基本的日常生活习惯时，我的大脑已经超负荷运转了。一开始我对自己说："吉娜，你今天需要做的就是刷牙，仅此而已。"这让我从中找到精神能量。但现在我必须思考整个过程的每一个步骤，当完成这些单调乏味的任务后再爬上床时，我早已精疲力竭。第二天，我继续对自己说："好吧，今天，你需要刷牙和洗澡，然后就可以溜回到床上了。"就这样我又重新学习了一遍洗澡的过程。我注意到，第二天的刷牙变得比第一天容易一些，之后的每一天都比前一天更容易。我的大脑正在重新学习自己每天的基本日常起居，再次形成习惯并将其融入我的生活。

我逐渐重新学习一次养成一个习惯，直到最后能自己做饭，重回健身房，并自己开车上班。在我情绪最不稳定的时期，正是通过每天练习养成健康生活习惯这种简单的行为，帮助我重构了自己的世界（似乎我离热衷于养成健康习惯还有差距）。我坚持不懈地练习改变身心习惯，我必须重建对恐惧的认知，让纷乱的思绪平静下来。我绝不能让毁灭性的打击将我摧毁。我想重新找回爱与信任，并不惧再次变得脆弱。通过直面挑战和重塑我的固有思维模式（为了自我保护而形成的思维模式），我做到了。

这场暴风雨过去几年后，我遇到了米奇，我真正的梦中情人，我们私奔到了墨西哥。那天，我穿了一件红色蕾丝连衣裙，他身着白色墨西哥西服，头戴一顶宽檐帽。我们居住在大海与沙漠交汇处的山坡上，那里处处是迷人的风景。

但要重新振作起来，我需要的不仅仅是重新养成生活习惯。我的疗愈过程包括一系列治疗方案：创伤疗法、暴露疗法（噢，这好难）、心理疗法，一切以"治疗"二字结尾的疗愈方法，包括找心理医生，我都尝试过。我学会了与不安共存，让身体感受内在的焦虑，直到它一点点消散。我学会了如何通过呼吸技法及其他技巧将创伤反应时间从几天缩短到几秒。

我运用多年来在习惯课程中教授的基本原理，这些原理在本书中有概略介绍。例如，在行动中强化动机；创建触机－响应关联；做出切实可行的微小改变，而不是试图一口吃成大胖子（对我这种"要么全有要么全无"的极端主义者来说，这个方法虽然不起眼但很奏效）。现在的我已经和过去那个备受恐惧和焦虑摧残的自己判若两人。尽管我还没有完全从创伤中恢复过来，但我已经取得了巨大进步。我重新开启了自己的人生，完成了对自我的重建和对身份的重新定义。

由于我自身的经历，同时目睹无数人试图改变他们的生活，我的热情被激发出来，我要教会人们如何运用改变习惯的力量发挥他们最大的潜力。现在，我每天都很充实，我在公司的会议和活动上发表演说，通过我的习惯改变研究机构为他们举办培训课程，使其成为有资质且合格的习惯培训师。我还为那些不想随波逐流而要规划自己人生的人们制订习惯改变计划。

这本书不是从创伤中恢复的自助指南，尽管这里概述的原则可以帮你重塑生活、重建自信。这是一本实用性强、可

循证的使用手册，它将指导你如何通过一次养成一个习惯来
创造你想要的生活。

　　事实上，大多数时候我们都按部就班地做事，有时候也
会做点不同寻常的事。可喜的是，未来不是注定的，你有能
力通过改变习惯迎来转变、重整旗鼓、找回自己。

　　你可以把本书当作自己的私人习惯教练。每一章都将引
导你了解彻底改变习惯需要知晓的一切。你将学会如何把自
己的目标转化为习惯，就像你能游刃有余且自然而然地开车
一样。你会明白自己做事的动机是什么，为什么你会被意志
力打败，是什么触发了你的习惯，以及如何获得并持久保持
动力去实现你的目标。

> 大多数时候我们都按部就班地做事，
> 有时候也会做点不同寻常的事。

　　本书的章节编排逻辑旨在带你顺次踏上这场变革之旅。
我们将从概述什么是习惯、为什么会形成习惯以及习惯与行
为的区别开始，然后揭示是什么触发了习惯，一旦弄清楚这
一点，我们就能分析习惯并彻底改变它们。在了解了这些基

本原理后，我们就可以进一步探讨如何用一种有意义的方式养成新习惯并打破旧习惯，并且可以马上付诸实践。我们可以从中体验到习惯改变过程中大脑发生的神奇变化，体验到你如何运用脑力而不是意志力做出持久改变。本书的最后几章将介绍如何掌控动机，如何设定切实可行的有效目标，以及如何应对挫折。

本书的全部内容都有科学依据，这些信息不光来自我毕生的工作实践，也借鉴了世界各地数百名研究人员的研究成果。

我希望你能完成一些章节末尾列出的活动。它们能帮助你更好地了解自己，也能让你反思什么是自己真正想要实现的目标，或者引导你改变习惯——无论是养成新习惯还是改掉旧习惯。完成这些活动是你掌控人生的重要一步，它将指引你去创造自己真正想要的生活！

很高兴你在这里，让我们一起开始吧！

目 录

前 言

第 1 章
什么是习惯

让我们从习惯的定义开始吧。

习惯通常被冠以"坏"的名头。例如，我们谈论咬指甲、吸烟、沉迷网络等习惯时，往往隐含着负面意义。事实上，习惯是个中性词，本身没有内在价值判断，并无好坏之分。一些习惯助力我们实现目标，例如坚持运动，我们称其为"好"习惯；一些习惯则阻碍我们成功，例如熬夜，于是我们称其为"坏"习惯；还有一些像用左手开门还是右手开门等仅仅是为了方便起见而对实现目标既无助益也无妨碍的习惯，我们则不褒不贬。

同理，对一个人来说是"好"习惯，对另一个人来说可能就成了"坏"习惯。以吃一块蛋糕为例，它究竟是好习惯还是坏习惯则取决于个人情况和要达到的目标。对从厌食症中恢复过来的人来说，吃一块蛋糕可以看作是一种进步，但对 II 型糖尿病患者来说就未必。习惯的表现形式多种多样，但本质上它只是一种或一系列潜意识行为，是一种心理反应，或者是一种情绪反馈和信念。

"行为"可以用一句话概括：行为是你的一种自我展示和自我表达形式。它是一种有意识的活动。例如，保持有意识的流转迁徙、做一道新菜、在会议上展示自我等。

相反，想要准确定义"习惯"就没那么容易。

从古代到19世纪早期的著述者都将习惯描述为一种后天习得的行为倾向。倾向可以表述为一种趋势、一种偏好、一种癖性、一种易感性或一种行事的意愿。

习惯是经典条件反射作用的结果。条件反射使原本作为中性的触机，在不断重复过程中与特定的行为响应产生关联。在同样的时间、位置、情绪状态、社交场合或对先前事件的反应等环境条件下重复同一动作，大脑就会在环境与行为之间创建神经通路。重复越多，神经通路就变得越强大，直到在大脑中固化。这就是环境造就习惯。

因此，习惯被定义为受环境刺激产生行为冲动的过程，它基于我们已知的通过重复动作建立起来的环境 – 行为关联。换言之，习惯是在同一环境下不断重复而变得自动化的重复性行为。

随着时间的推移，我们无须有意识地思考，环境本身即可触发习惯反应，"习惯成自然"描述的就是这种习惯性行为的产生过程。

　　跟我一起了解更多相关理论吧，我将向你们揭示这一切是如何在生活中上演的。

习惯回路

　　习惯形成需具备三大要素：触机、惯常行为和奖赏。这也被称作"习惯回路"，如图 1-1 所示。

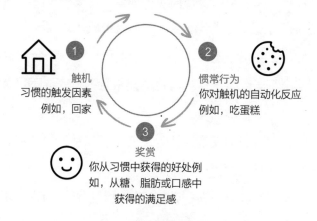

图 1-1　"习惯回路"示意

- 触机是行为的触发器，包括你所处的地点、时间、情绪状态、社交场合或对先前事件的反应。受此环境刺激，习惯通常被触发。
- 惯常行为是受触机刺激产生的习惯，即行为本身。
- 奖赏是你从习惯中获得的回报，通常是继续坚持习惯的动力来源。积极的奖赏机制形成正向的反馈回路并告诉你的大脑："下次遇到这个触机，做同样的事！"

举个例子，你每天晚上回家都吃一块饼干，你真的很享受饼干的美味（这就是奖赏）。你第一次吃饼干时，就在回家（触机）和吃饼干（惯常行为）之间建立了心理联结。每次回家都重复这一动作（一回家就做出吃饼干的行为响应），你就是在强化大脑的习惯回路，加强"回家＝吃饼干"的心理联结，直至其变成自动化，习惯就形成了。

最后，只要一想到回家，吃饼干的行为就会被自动触发。回家等于吃饼干这种习得的惯常行为就变成不可替代的默认动作存储在记忆里了。

有一种普遍的误解，认为不断重复某种行为就能养成习惯，其实这只说对了一半。

习惯的培养需要在一致的环境中对某种行为进行不断重复，然而，只有同时具备习惯回路的触机、惯常行为和奖赏三要素的行为，才能称之为习惯。

你不一定每天吃饼干，但一定有某种每天不知不觉重复的习惯——我们都无一例外。你也许是每天吃同样的早餐，淋浴后按相同的顺序擦干身体，将汽车停在商场或办公室的同一个位置。哲学家兼心理学家威廉·詹姆斯是习惯理论的坚定奉行者。20 世纪，他曾热切地宣称人一天中从睁眼到闭眼 99% 甚至 99.9% 的行为完全是自动化和习惯性的。[1] 最新研究显示，我们的 43%~70% 的日常活动都是习惯使然。[2] 许许多多的习惯影响着人们的生活方式和行为模式：我们如何吃饭、睡觉、谈情说爱，如何着装、驾车、进行商业活动，下班后是去运动还是小酌一杯，以及我们不假思索地把时间、精力和金钱花在哪里等都主要受习惯支配。

习惯是如何产生的

你可能好奇为什么习惯会千差万别。有人喜欢晨练，有人则爱赖床；一些人如宗教徒般虔诚地坚持醒来就要喝咖啡，而另一些人则会把一天的第一杯咖啡留到上午 10∶00 左右品尝；一些人爱喝咖啡、碳酸饮料，还有一些人只喝茶甚至白开水。

习惯模式错综复杂，它编织出我们的生活旅程，揭示出人生篇章中那些我们曾经做过的选择和认为重要的决定。习惯不只是现实生活的写照，也讲述着我们经年累月的人生故事。因为我们从前的大部分行为都是有意为之的，是我们自己的选择——也许是实现一个目标、克制某种不良情绪，或是期望得到某种结果，例如希望生活更便利、工作更高效或提升幸福感。

我要再重申一次，这十分重要：我们的习惯，那些我们日复一日不自觉重复的行为，都曾经是有意识进行的，因为它们一开始在大脑的反思区域，最后才转移到冲动区域。

假设你一早感到有点困倦，决定到办公室后煮一杯咖啡，咖啡恰是你一直寻觅的提神良方，它让你困意顿消也能更好地集中精力。第二天上班你决定再煮一杯，第三天、第四天……每天如此。你的大脑便产生触机 – 响应关联。有了上班这个触机，便产生了煮咖啡这个行为响应。你重复这一响应模式的次数越多，你的触机 – 响应关联就越牢固，上班就要喝咖啡的习惯也进一步得到强化且变得更加自动化。

喝咖啡的习惯一开始是为了上班获得充沛的精力，但现在已经成为一种自动化的习惯。最终你会发现，只要一想到这个情境就会触发你煮咖啡。你无须再对目标保持更多的关注。这就意味着即使你不困，但当自己去上班时也会不自觉地煮一杯咖啡。同理，许多人一到中午就要吃午餐并非为了果腹，只因这个行为习惯已经被大脑程序化。一些人即使有更高效的通勤路线，他们也会选择一贯的特定路线上下班。

回想一下意大利面的制作过程。我们大多数人被传授的做法是，烧一大锅水，加上盐，等到水开后加入意大利面，偶尔搅拌一下，将面条煮熟到我们喜欢的软硬度。这种方法无疑是有效的且代代相传，但可能还有其他更好的做法。

以"一锅煮"意大利面制作技术为例，将意大利面、酱汁和各种配料一起放到一个锅里煮。这样可以节约时间、能源和水，面条也更容易入味。这样做还有一个额外的好处，那就是节省餐盘。尽管如此，许多人仍选用传统方法。这种对变化的抗拒可以归因于旧习惯带来的舒适感和熟悉感，故而我们不愿意放弃过去行之有效的方法而去尝试新东西。我们已经习惯了现有的日常生活，如果没有足够令人信服的理由，即使知道改变会带来明显的好处，我们也不愿意去尝试。

我们有太多事情要考虑，自然不愿在准备晚餐时还要劳神费力想自己正在做什么——也许这就是生活的本来模样。我们的认知处理能力是有限的。因而，只要有可能，大脑就会开启"自动驾驶"模式。

习惯是最好的仆人或最坏的主人

在习惯学上，我们认为习惯的形成是行为控制从目标依赖转向情境依赖的过程。当初为了达成某个目标而采取的行动，现在变成了对触机的响应行为，不再与最初的目标需求相关。习惯在情境依赖性重复中发展形成，即当你在特定的环境中重复某种行为，你就在强化对触机 - 响应关联的记忆。因此，大脑将其对行为的控制转交给触机来完成便成为执行习惯不可或缺的一部分。我们越强化触机 - 响应关联度，习惯就变得越根深蒂固。大脑会创建新的神经连接和神经通路。我们重复这个习惯的次数越多，神经连接就越牢固。大脑的神经通路越强大，习惯就越能高效率、自动化和无意识地运行。

习惯并非二元对立：它要么有要么无。确切地说，习惯在连续统一体上会呈现出力量的差异，因此习惯只有力量上的强弱之别。从本质上看，在一致的环境下对某种行为重复得越多，它就越能固化在你的生活中。这在神经科学上叫赫布学习。

赫布学习理论的基本原理是：一个神经元（脑细胞）被激活，另一个神经元也同时被激活，两个一起被激活的神经元会产生连接，让它们看起来更像是成对被激活，这就阐明了我们的学习方式。这一理论也能够解释为什么你小时候被狗咬了就会对狗心生畏惧，那是因为你的大脑识别"狗"的神经元被激活，同时感受"疼痛"的神经元也被激活，狗与疼痛之间便产生了连接。这一著名理论是由加拿大著名的神经心理学家唐纳德·赫布提出来的，他用一句话简明扼要地概括了神经元之间的这种连接："一起放电，双向连接。"[3]

回家连接吃蛋糕，工作连接喝咖啡。这就是习惯在我们的生活中形成并得到强化的基本原理。

神经元"一起放电，双向连接"。

　　我们在练习某项技能的过程中每操作一次技能，神经元之间都会产生连接，这种连接会变得越来越强。这也就是改变一项不断被强化的糟糕的技能会那么困难的原因。熟未必能生巧，熟定能积习甚深。一个固化的动作通常会自动运行，那是因为它已经被重复了无数次，而习惯动作可以超越意识控制。我们重复某种行为的次数越多，其受意识的影响就越小，也越容易受大脑自动运行系统的支配。

　　在缺乏意图、动机、意识控制和觉知能力，以及最小认知努力参与的情况下，习惯就会促使我们的行为自动产生。你也许曾对自己感到沮丧、绝望，因为你曾刻意告诫自己不要再这么干了，却还是不断重复那些旧有的想要摈弃的行为。现在你就明白了，习惯是自动化的，当它被触发，就像膝跳反射，完全不会受控于你的良好动机。因此，习惯不是最好的仆人便是最坏的主人。当然，习惯是可以改变的。事实上，改掉不良习惯确实是生活中的一项重要技能，这就是为什么本书第六章会专门论及。

习惯使行为变得自动化的好处在于，一旦养成了健康的习惯，我们无须刻意维持或自律，这些习惯就能在生活中长期存在。如此一来，你不用付出太多努力就可以成为一个坚持早起、定期锻炼和饮食健康的人。

习惯的自动化

最近我到一家汽车经销店试驾新车，只见销售顾问站在我旁边大楼的入口处，他按下手机的一个按钮，向我准备试驾的车辆发出信号，这辆车就从泊车的位置自动驶出并准确停靠在我们面前。车里没人，它只听命于一个按钮。我竭力保持淡定，内心却在惊呼："天呐，太不可思议啦！"我开始暗自琢磨，以后再也不用担心路边停车，再也不用烦恼如何从狭小的停车地点将车辆挪出来，一切都可以自动搞定。

自动驾驶是指无须人工持续输入而对交通工具或设备进行操作的系统。它通常应用于飞行器，从而保持航线平稳，调整飞行高度，或在特定情况下实施迫降。自动驾驶系统运用算法和预编程指令处理收集到的飞机或车辆的位置、速度、方向等信息，以便调整控制装置，使飞机和车辆保持在预定航线或轨道上。司机或飞行员只需按下一个按钮就能开启自动驾驶模式，剩下的全都交给预处理系统。

自动驾驶的操作原理很像我们的习惯。当我们遇到习惯的触发因素，大脑就会调动已经习得的对触机 – 响应的记忆，激活预定程序中与触发习惯相关的神经通路。触机就像启动按钮，习惯则像自动驾驶模式。

习惯的自动属性即自动化，习惯的自动化是指习惯已经达到自动或无意识状态。你也可以将其理解为行为达到自动化后执行起来轻松、自如和不费吹灰之力。当你的习惯变得像刷牙、淋浴后擦干身体、系鞋带一样得心应手，你就进入了自动化状态。

假以时日，我们的行为会在不断重复的过程中越来越自动化，我们不必再刻意努力为之。习惯一旦形成，自动化就成为其关键要义。但对生活而言，自动化也是把双刃剑。一方面，健康的习惯助力我们成就积极美满的人生，让我们拥有健康饮食、规律运动和良好睡眠，使工作效率更高、人际交往更顺利，也能帮助我们为处理其他事务储备认知资源。另一方面，不健康的习惯则带来负面后果，例如健康问题、糟糕的心理状态或拖延症。

即使就同一个习惯而言，自动化也有利有弊，例如沿着熟悉的路线上下班。你会发现，一旦你驾车沿着同一条路线走上很多次，你就能够不假思索地轻松到达目的地。它的好处是你可以腾出更多的认知资源用于处理其他事务，但同时你也可能因此变得过于自信而忽略了路上的潜在危险。

当我们面对习惯的触发因素时，大脑就会径直搜索相关记忆——触机—响应关联。习惯变得自动化意味着大脑无须消耗任何能量考虑该如何对触机做出响应。这正与习惯的概念相呼应，习惯是指无须思考而对触机直接做出行为响应。

当习惯达到自动化水平，行为便倾向于"目标独立性"，它不再需要意图，甚至与我们的意图背道而驰。习惯是"无意识的"，它可以在缺乏有意识的觉知甚至无法通达觉知的情况下运作。习惯是"高效的"，通常不用耗费注意力和精力就能迅速实施。也许最重要的一点是，习惯"受情境驱动"，直接被客观环境或对生活环境的感知触发。

发展自动化还是打破自动化

当你开始无意识且毫不费力地执行某个习惯，并且不做反而觉得别扭时，你就知道该习惯已经达到自动化水平。设想一下，电话铃响了，你不得不舍弃通常的应答方式，改说"欢迎"，你多年来形成的接电话的应答方式就像自动化习惯，突然用"欢迎"打招呼可能让你感觉很奇怪。或者，换你不常用的手拿勺子、把手表戴在不常戴表的手腕上，做这些不合常规的事动作就会不流畅。那是因为大脑意识到了变化，自动化便消失。

因此，我们的目标是对想坚持的习惯发展其自动化，对想改掉的习惯打破其自动化。对于想坚持的习惯，我们希望其执行起来简单自然。例如，我们想拥有健康的生活方式，想不费力气就能保持高效。同理，对于想改掉的习惯，我们不希望它们变得简单和自动化，因为执行起来越容易就越难摈弃。对于吸烟、酗酒、熬夜等这些想破除的习惯，我们希望它们执行起来更有挑战性、需要付出努力和消耗能量。我们想对其拥有一种掌控感，并能有意识地加以克服。

英国一项研究调查了有吸烟习惯的 50 名志愿者。[4] 在此两个月前，英国政府刚刚出台了一项酒吧吸烟禁令。习惯边喝酒边吸烟的参与者反映，尽管他们很想遵守禁令，却还是在酒吧吸了烟。一些吸烟者描述道，他们"发现自己"一喝酒就开始点烟。事实上，习惯的自动化早就预示了"违规行为"的发生，意味着对这些参与者而言，边喝酒边吸烟的习惯越自动化，或者说吸烟习惯越根深蒂固，他们就越可能在喝酒时不由自主地点上烟。这表明，尽管吸烟者具备有意识的动机，但习惯照样能引导行为。

此项研究中另一个与之前研究一致的有趣发现是，吸烟者对与吸烟相关的触发因素表现出注意力偏差。注意力偏差是指我们倾向于优先处理某种特定类型的刺激而非其他。注意力偏差可以解释为什么当我们的大脑被一系列已有想法占据时，便没有顾及其他的可能性。如果你听说过"选择性倾听"这个术语，就可以把注意力偏差看作是"选择性习惯触发"。

同计算机一样，你的大脑也具备搜索功能，它会发现与你相关的事物，将你所关注的尤其是认同的信息编入程序。这就是为什么我们买了一辆新车后会更容易在路上频繁看到同款车辆；穿了一件新衣服，我们开始注意到其他人也穿着类似款式的服装。这也能解释为什么我们在人声鼎沸的嘈杂空间里也能听到他人喊自己的名字。

为了更好地演示大脑的这种"过滤"功能，无论你身在何处，试着观察你周围的环境并把注意力集中在红色上。你会发现，哪怕是一点点红色也能迅速被你捕捉到。不信你试试？

英国这项研究中的吸烟者便是在下意识地"留意"与吸烟相关的触发因素。这一发现告诉我们，通过观察对触机的"留意"程度，我们可以体验到日常习惯是如何被触发的以及习惯有多强大。通常来讲，"我们专注什么就吸引什么"，这听起来不可思议，却是已经被科学证明的事实。从一定程度上讲，"心想事成"绝对存在。

习惯的特征

习惯研究者一致认为，习惯具备以下三个主要特征：

- **重复性的历程**
- **高度自动化**
- **受稳定环境触发**[5]

了解这些特征将有助于人们辨识自己的活动是习惯还是行为。改变习惯和改变行为采取的策略有所不同。改变习惯需要知晓习惯的触机和奖赏（本书稍后将谈及），而改变行为则只要做出有意识改变的决定即可。一旦你确定了自己的活动是习惯还是行为，就可以采取切实可行的措施改变它们。

1. 重复性的历程

我们从不会将一次性的行为视作习惯。习惯是过去重复过很多次的活动、观念和做出的响应。我们能辨识与熟悉它们，甚至把它们看作自身的一部分。例如，你经常跑步，你会视自己为跑步爱好者；你花费大量时间在工作上，你会视自己为工作狂。所有的习惯都有一段重复性的历程。

需要注意的是，这里仍存在有趣的细微差别。尽管习惯形成过程中会产生可预见的累积效应——你在稳定的环境条件下重复某个动作的次数越多，它就会变得越自动化和惯常化——但频率和重复是有区别的。习惯具有重复性的"历程"，但习惯的形成并不仅仅取决于重复的"频率"。

我们中的一些人会有很强大但执行频率很低的习惯，因为我们只会偶尔遇到这些习惯的触发因素。例如，一些人习惯圣诞节去教堂，既然圣诞节一年只有一次，他们去教堂的习惯也只能一年执行一次。这也叫作习惯，因为它具备重复性的历程，如果圣诞节不去教堂他们反而会觉得奇怪，但这并非频繁重复的习惯。同样是去教堂，另一个例子是祈祷结束后说"阿门"的习惯。每周去教堂的人每周都会说"阿门"，圣诞节去教堂的人一年只说一次"阿门"。在这两个例子中，说"阿门"都是一种习惯性的自动化行为，但发生频率却迥然不同。

我的一些朋友喜欢去同一个地方露营。他们提前两三年就预订了这个特别的露营地，并且总选择一年中的同一个时间以确保他们不会错过心爱的年假。露营时，他们的活动项目也差不多，无外乎绕着公园骑行、在小溪里玩皮划艇、钓鱼或游泳。吃的也没什么新花样，带的都是差不多类似的食物，甚至连每年花在那里的时间长短都基本一致。尽管我的朋友们每年假期去哪里和在那里进行什么活动都已经非常习惯化（差不多就是自动驾驶），但这种习惯却不会频繁发生——一年只有一次。

我的理论是只要我们每次遇到相关触发因素都及时执行，哪怕只是偶尔为之的行为也能形成强大的习惯。假设你习惯每周六早上去做瑜伽，却因某种原因错过了一两次，你周六做瑜伽的习惯就会变弱，因为你错过了对触机做出习惯性响应的机会。我们对习惯的触机做出响应的次数越多，这个习惯就会变得越强大。同理，响应次数越少，习惯就越弱。因此，如果你曾在同一时间、同一地点重复同样的行为不止一次，它就有可能变成习惯。

2. 高度自动化

我之前写过关于自动化的文章，但在这里我还想再谈谈，因为自动化——习惯行为的流畅性——是习惯的关键特征。概言之，当我们几乎处于无意识状态和缺乏意图时执行某些动作，习惯的自动化特性就会显现，这些动作执行起来几乎不用耗费大脑能量。

我在不到 20 岁时曾痴迷于尝试减肥。之所以说"尝试"，是因为这些节食努力最终都惨遭失败。其实我并未超重，只是进入青春期后自己的身体迅速发育，更宽的臀部和更丰满的乳房并没有使我感到兴奋。身材苗条是更容易被现代社会接受的审美标准，当时却不尽然。我那时对完美身材的看法是，渴望自己看起来骨瘦如柴而不是前凸后翘。像所有优秀的节食者一样，我期待着每个周一的到来以便开始新一轮的"时尚饮食"。我的节食餐大多数都有严格规定——卷心菜汤、柠檬排毒饮品（我都羞于承认自己尝试过）、生酮饮食、碳水化合物爱好者减肥餐（这个名字听起来很具欺骗性，因为每天只被允许吃一次碳水化合物）。

　　我可以自信地说，自己几乎尝试过所有的减肥餐。但通常情况下，我总是在一袋薯片或巧克力饼干已经吃掉半袋时才意识到它们根本不在减肥食谱里。我记得我曾因为对自己的行为缺乏更多认知而感到极度崩溃。我的意思是，无论当时我在哪里，都必须先站起身来、从橱柜里找到薯片、来到沙发上、打开包装袋才能开始享用。在整个过程中，我似乎有很多机会让自己"觉悟"："等一下，吉娜，我绝对不记得减肥食谱上有薯片。"但这种情况并没有发生。事实上，无论是从包装袋里拿起薯片的瞬间，还是有人走进房间询问我是否已经结束减肥的那一刻，我都清楚地意识到自己在做什么。我感觉到了彻底的失败！

　　现在我终于明白自己只是开启了自动驾驶模式。享受下午茶对我而言就是无意识且毫不费力的高度自动化行为。这就是习惯。

我们都知道当自己做决定时，希望某件事发生或者想通过控制自己的行动使其发生是什么感觉。但我们却不会反思习惯是如何运行的；我们可以关注习惯行为导致的结果，却对习惯的运行机制视而不见，因为习惯的产生大多超越了我们的意识。

这是一个关于职场新人的故事。入职第一天，他们被告知将门把手顺时针旋转就会将门锁住。尽管事先已有提醒，其中一位新职员还是倒霉地顺时针转动了门把手，结果把他的一位同事锁在办公室好几个小时。这个建立第一印象的方式可真够奇特的！故事还有更多的启示。你看，这个新员工家里用的是和办公室同类型的门把手，但顺时针旋转时却是"开门"。其他员工注意到这一点时便倾向于这个新员工没有犯错误。而如果不能证明家里有款式相同但开关门方向相反的门把手，新员工将会为此疏忽承担更大的责任。但我们由此知道，习惯是不假思索的无意识的行为。

3. 受稳定环境触发

习惯的最后一个关键特征是受稳定环境触发。习惯回路的第一部分是触机（或者说触发器），然后是惯常行为（习惯），最后是奖赏。习惯通常是被触发的，触机是习惯的先导。没有触机就没有习惯。

据估计，我们几乎一半的日常行为发生在相同的环境中，这意味着我们倾向于在同一时间、同一地点或者某个特定动作之后做相同的事。[6] 例如，我们可能会定点吃饭、定时锻炼，或者选择固定路线上下班。我们的生活中充满了各种触机，触发我们想要或不想要的习惯。

在我之前提到的吸烟研究中，研究人员想知道吸烟者在酒吧下意识点烟的可能性有多大。实质上他们是在测试触机–响应关联的强度；触机是在酒吧，惯常行为是吸烟。研究人员发现，吸烟者违反禁令在酒吧吸烟的可能性并不是由他们一天中日常吸烟的数量等尼古丁依赖的典型指标决定的，而是取决于饮酒和吸烟之间的关联强度。

从吸烟情况调查及其他相关研究中我们认识到，我们可能拥有伟大的目标和愿景，但这些美好的计划最终都会被环境触发的自动化反应——习惯——轻松掌控。触机–惯常行为关联性越强，我们就越有可能做出习惯响应。

不过不必气馁，只要有足够的认知、可靠的计划和强大的意志，你就可以破除任何自己不想要的习惯。

如何识别习惯

如果想知道你所做的事是否是习惯性的，你可以试着问自己："我以前这样做过吗？""我感觉到自然流畅和自动化了吗？""它是否发生在同一时间、同一地点或我执行某个特定动作之后，又或者它发生时我正处于某种情绪状态中？"

测试习惯强度

你也可以通过行为自动化指数自评量表来评定自己每个习惯的强度，[7] 见表 1-1。

表 1-1　行为自动化指数自评量表

×× 习惯是什么	非常不同意	不同意	既不同意也不反对	同意	非常同意
	1	2	3	4	5
1. 我自动做事					
2. 我不必有意识地做事					
3. 我不假思索地做事					
4. 我做事之前有清楚的意识					

针对你要测量的习惯回答这些问题，计算每个习惯的强度得分，每个习惯强度分值设为 5 档，你的得分范围在 1~5 分，得分越高，习惯的强度就越高。1 分表示没有形成习惯；2 分表示强度等级为较弱；3 分表示强度等级为较强；4 分表示强度等级为强；5 分表示强度等级为非常强。

例如：

遛狗是什么	非常 不同意	不同意	既不同意 也不反对	同意	非常 同意
	1	2	3	4	5
1. 我自动做事				√	
2. 我不必有意识地做事					√
3. 我不假思索地做事				√	
4. 我做事之前有清楚的意识			√		
得分			3	8	5

总分 =3+8+5=16，然后用 16÷5=3.2

在这个示例中，习惯强度得分为 3.2，意味着遛狗为中等强度的习惯。这是测量习惯强度的有效方法，尤其在你想要改变旧习惯形成新习惯时，它将为你提供科学指引。

习惯与成瘾

习惯和成瘾都是经常重复的行为模式，但我们对它们的掌控程度和它们对我们生活的影响却不尽相同。

我们已经知道习惯是在一致的环境下不断重复而变得自动化的行为，习惯的执行只需要极少甚至不需要任何思考和认知努力。而成瘾则是一种即使已经给生活造成了负面影响，人们依然无法控制的强迫行为。成瘾又分身体成瘾和心理成瘾，包括滥用药物、赌博成性、强迫性购物等行为。习惯可以是积极的也可以是消极的，而成瘾则几乎都是消极的且严重危害人们的生活。

多巴胺是一种神经递质（神经和脑细胞之间的一种化学信息），它是大脑奖赏中枢的一种传导性化学物质。奖赏系统对习惯和成瘾行为起着关键作用，但作用于两者的方式却不同。

在习惯状态下，当我们进行一种能获得奖赏回报或令人愉悦的行为时，大脑就会分泌多巴胺，从而强化该行为，使我们更有可能在将来加以重复。久而久之，大脑开始将这种行为与多巴胺的释放联系起来，它给人们带来快乐的感觉，导致这种行为变成一种习惯。

在成瘾状态下，多巴胺扮演着类似的角色，但却与习惯状态下有着重大区别。当人们进行赌博等令他们上瘾的行为时，大脑的多巴胺释放水平要比习惯状态下高出很多。这会带给人更强烈的快感和更大的奖赏回报，从而极大地强化成瘾行为，使其成为人们内心的渴望且很难戒除。本书还将进一步讨论驱动行为产生的多巴胺和大脑奖赏系统。

我们需要了解的是习惯和成瘾是有显著区别的。习惯不是成瘾，也并非所有的成瘾行为都是习惯——尽管它们具备习惯的某些特征。你不可能对刷牙上瘾，它只是一种日常习惯。

小 结 ─────────────────────────

- 习惯是在一致的环境下不断重复而变得自动化的
  行为。

- 习惯需要具备三大关键要素：触机、惯常行为和
  奖赏。这也被称作习惯回路。

- 习惯一开始是有意识的行为，但经过不断重复变
  得自动化。

- 习惯的三个主要特征：重复性的历程、高度自动
  化和受稳定环境触发。

- 你可以通过行为自动化指数自评量表来评定你的
  习惯强度。

- 习惯和成瘾都是经常重复的行为模式，但我们对
  它们的掌控程度和它们对我们生活的影响却不尽
  相同。

活 动

（列出）你的习惯

　　因为习惯是自动化的，你不会总能意识到它们的存在。为了更好地理解习惯并将其融入你的意识中，反思你的自动化行为，并确定你倾向于在何时何地做这些事情是个好办法。一旦明确了你的习惯及其触机，你就能更好地掌控自己的自动化行为。

　　你可以用笔记本或日志簿记下这些提示信息。

想要的习惯

　　列出三个你目前喜欢的习惯，并找出习惯的触机。例如：

　　习惯：我冥想 10 分钟。

　　触机：我晚上睡觉时。

不想要的习惯

　　列出三个你目前想改变的习惯，并找出习惯的触机。例如：

　　习惯：我不饿也吃零食。

　　触机：当我感觉无聊或孤独时。

第2章
习惯为什么会形成

　　我们生活在一个生机勃勃、纷繁复杂又瞬息万变的世界，每天不断被海量信息争抢注意力。为了在这样的环境下发挥人的能动性，我们依靠自身的感觉——视觉、嗅觉、听觉、味觉和触觉——感知外部世界和周遭的一切。这就形成了人类感知世界的方式。我们的感官的确非同寻常。记得我在 20 岁左右时曾听过一次关于感觉神经元和运动神经元的人类生物学讲座，当场就激动得热泪盈眶。人体自身的内在功能及其与外界的交流实在太奇妙。

　　例如，我们的眼睛每秒钟可以接收超过百万字节的数据，这相当于阅读 500 页的信息。我们的耳朵能听到 100 米外的大喊大叫声，也能听清 10 米外的窃窃私语声。当我写作这些文字时，我的耳边就一直萦绕着洗衣机的轰隆声、窗外的雨声、小鸟的鸣叫声、蟋蟀的唧唧声，还有我敲击键盘的声音，以及小狗梅西在我脚边打盹时发出的可爱的鼾声。

只要闻到一点点熟悉的味道，就能瞬间勾起我们儿时的记忆。我们的皮肤中有 400 多万个神经末梢，为我们传递温度、压力、触感和疼痛等重要信息。

我们根本无法同时处理接收到的全部信息，于是大脑就发展出有效的方法过滤、解释和响应我们的感官提供的这些海量信息。很大程度上，这个过滤系统是我们自身通过告诉大脑（有意识或无意识）对自己来说什么是重要的且相信什么、害怕什么、专注什么而形成的。

如此一来，大脑就会将关注重点放在我们已知或重视的事情上；放在那些令我们心生愉悦、能获得更多奖赏回报的事情上；放在危险的和可能伤害我们的事情上；放在不同寻常的、有趣的和新奇的事情上。大脑过滤系统意味着我们每秒钟通过感官接收到成千上万比特的信息，但每次能有意识加以处理的只有 3~4 比特的信息。[1]

大脑很容易出现信息过载，导致对显而易见的信息视若无睹。我们通过感知力和注意力体验世界。感知力帮助我们认识周围的世界；注意力则帮助我们专注与自己相关的信息碎片。那些不必关注的次要信息就会被转移到大脑的潜意识与习惯性区域。我们依靠习惯维持一天的高效率。抓起你的车钥匙，把车倒出车道，导航去上班——经过不断重复，大脑就会将这些动作转变成自动化习惯，并且越来越流畅而不容易出错。

正如现代心理学之父威廉·詹姆斯建议的，人们可以利用习惯的自动化确立优势。我们让潜意识承担更多任务，就能将意识解放出来去专注对我们来说更重要的事情。一个几乎没有任何习惯的人将会为不知如何做决定而备受折磨。因为他们做每件事都需要有意识地思考和努力。

习惯是我们的神经网络"记住"重复情境的方式，当我们遇到那样的环境，习惯就会被触发。我们也可以将习惯视作大自然应对世界内在混乱与无常的手段。

习惯储存能量

我们知道，习惯一经形成就会将有意识行为变成无意识行为。大脑之所以如此，是因为我们每天需要做成千上万个决定。[2] 如果每做一个决定都要有意识地思考，那么我们终将精疲力竭、无所作为。

让我们做一个简单的动作，从站立状态坐到椅子上。你可能不用多想就能坐下，这再寻常不过了。因为你已经坐下过很多次，大脑已经将这个动作移至无意识区域。在你毫不知情的状态下，为了让你坐到椅子上，大脑早就替你做了无数个决定。你要做的只是想"我要坐下了"，大脑就开始了一连串的决定——包括脚放哪里，手放哪里，如果扶住椅子的话该用哪只手扶，要是与人在一起用什么速度坐下会显得更优雅，要是独自一人就会选择直接坐下。大脑会考虑怎样调整你坐在椅子上的姿势让你更舒服，会根据不同场合纠正你的坐姿确保你没有挡住他人的视线，还会评判你与周围人的距离是否太近或太远。在这些决定中又包含着很多其他微小的决定：坐下之前你的脚放在哪里，双脚朝向何方，你坐下时身体弯曲的角度、每个脚趾承受的压力是多少等，不胜枚举。

　　与坐下相关的微小细节很多，要是每一个细节你都要经过有意识的思考才能做出决定，当你的臀部接触到椅子时，你很可能已经患上决策疲劳症。养成习惯后，大脑会自动处理这些熟练动作的细微差别，根本用不着你考虑那些枯燥乏味的细节。

　　习惯是思维的捷径，帮助我们成功应对日常生活，并为我们储备更多的推理能力和执行能力用于其他思想和行动。养成习惯是一个有助于我们储存能量的自然过程。大脑只有在不必为习惯行为耗费精力的情况下，才有闲暇考虑其他问题，例如晚餐吃什么、下次去哪里度假等。

习惯创造自然流畅

假设你搬到一个全新的城市，换了新工作并安了新家，一切都不得不重新摸索：重新寻找最佳出行方式和最好的食杂店，重新了解周边的超市布局，以及建立新的人际关系。你过着一种脱离了往常习惯的生活，日子不再像从前那样自如。曾经易如反掌的小事，如今都得劳神费力深思熟虑。你偶尔也会感到困惑、疲惫甚至懊恼。一段时间后，经过大量的尝试和犯错，你终于弄清楚最佳上班路线，找到你最喜欢的咖啡店，你可以径直走到超市的农产品区，还在附近的咖啡馆交到了一群朋友。一旦你搞明白对自己的生活而言哪些是有用的、哪些是没用的，养成新习惯似乎也不错。事情又开始"正常"了，生活又开始变得像过去一样顺畅。

习惯对保持我们工作的连贯性大有裨益。你可能感觉习惯就像流水化作业。其实，你每时每刻都在做着成千上万个决定，例如坐在哪里、怎么移动、去何处、带什么、看哪里、说些什么等。

当我泡茶时，我把泡一杯茶看作是一个组合动作。事实上，它是启动热水壶、拿起马克杯、将茶叶包放进杯子里、倒入开水冲泡茶叶等一系列单个动作的集合。我们还可以将这些动作进一步分解，例如，我用左手打开热水壶开关，右手打开橱柜取出杯子，然后再用左手关上橱柜，等等。

一个习惯会带动另一个习惯，并不断相互滋养创造出自然流畅感，使各种错综复杂的习惯动作融为一体。当体验到习惯的自然流畅，我们必将获益匪浅，因为这可以减少很多有意识的决定。

自然流畅的概念被运动员们广泛应用。当运动员在模拟比赛日当天的预期现场进行训练时，他们就开始创造一种自然流畅感。这会使运动员的大脑只专注运动本身和比赛项目而不被周围环境干扰。

举重运动员会练习走向杠铃的步伐，以及在杠铃前的站立姿势；他们还会预判比赛日的温度和现场音效并模拟比赛场景，甚至吃同样的食物听同样的音乐。塞雷娜·威廉姆斯会穿拖鞋到网球场，用特定的方式系鞋带，在比赛中特定发球时刻的弹球次数也是固定的（第一次发球前弹球5次，第二次发球前弹球两次）。所有这一切都经过特意设计，目的是帮助她消除外界干扰保持最佳比赛状态，从而专注最重要的事情——获胜。

只有当我们遇到新问题或重要情况时才需要在反复斟酌后做决定，这时候，我们失去了习惯的流畅性并体验到该如何做决定，我们必须全神贯注、充分调动心理资源才能处理好当下的事务。而如果习惯到位，我们就用不着刻意关注相关事务。

习惯提高效率

法国心理学家、哲学家莱昂·杜蒙特将习惯描述为神经系统中留下的印记，就像流水顺沙坡而下在沙子上留存的印迹，这些印迹将为以后的水流提供更高效的畅流通道。[3] 因此，习惯能创造更高效的思考和行动。当我们遇到习惯的触机，这种高效率会使习惯变得更简单、更不费力气。而如果采取不同的行动，任务的执行则会变得吃力。

例如，想改掉一觉醒来就刷手机的习惯（醒来是触机，刷手机是行为响应），你必须为刷手机的行为设置障碍，否则就很可能拿起手机不自觉地开始滑动屏幕。你可以将手机放到另一个房间，或在你打算浏览手机之前让其保持飞行模式。因为我们的习惯是高效的，它们通常是一种简单的默认选项。同样，如果你有每天坚持锻炼的健康习惯，锻炼也是你的默认行为，做好准备开始运动，对你来说这一切都能高效完成。

几年前，我曾养成起床第一件事就是锻炼的习惯。那时我动力十足，很少被外界干扰。我不用因着急去开会或疲惫不堪而无法训练。现在，从床上爬起来、走到衣柜前，不假思索地迅速挑选运动服，整套动作我都可以闭着眼睛完成。你也有无数个这种或多或少具有本能反射性的习惯（即反射发生）。你不必思考制作流程，香浓的晨间咖啡便做好了；你也无须认知努力，清晨的例行事务便可轻松完成。

小　结 ────────────────────

- 养成习惯帮助我们保存能量、创造流畅性、提高效率。没有习惯，我们将需要付出更多的专注力，消耗更多的心理资源。
- 习惯是思维的捷径，帮助我们成功应对日常生活，并为我们储备更多推理能力和执行能力用于其他思想和行动。

第 3 章
习惯与意图

我们的行为受两种力量的支配：意图和习惯。你也可以说大脑存在两大系统（双处理系统），如同一台计算机有两个同时运转又相互独立的中央处理器。第一次执行某个动作需要意图、注意力和计划，哪怕这些计划在行动的前一刻才产生。随着相同的行为在一致的环境下的不断重复，其执行起来也越高效且越不用多加思考。支配这些行为的因素已从意图变成了触机，触发行为的自动化反应：习惯。

意图受我们的信仰、态度、价值观、社会背景和情感（潜在情绪）驱动，属于大脑的反思系统，它需要我们做出反省和思考。而习惯则受过去行为和后天习得的触机 - 响应关联的驱动，属于大脑的冲动系统。

大脑的反思（意图）系统在前额叶皮质，位于我们的眼睛和前额的正后方。相较于大脑的其他部分，前额叶皮质主要负责理性思考和逻辑推理。它是进行推理判断、解决问题、理解、控制冲动和形成意志力的关键。它通过目标驱动决策影响我们的行为。[1]例如，当我们感觉吃饱了，前额叶皮质会提示身体停止进食；由于睡眠很重要，到了该睡觉时间，它就会督促我们按时就寝；它还会指挥身体摇摆晃动，因为这会令我们产生很棒的感觉。当获取新知识或学习一项新技能时，我们就会深度利用大脑的反思系统在记忆中形成新的突触连接（神经元之间的连接）。大脑反思系统需要消耗能量和精力。

大脑冲动（习惯）系统由基底神经节组成，基底神经节位于大脑的中央。大脑冲动系统对情感、记忆、模式识别的发展起着关键作用，它依靠触机 – 响应关联高度自动化运行，它是冲动的、自发的、追求快乐的。基底神经节会怎样影响你的行为呢？它会让你因无法抗拒美味而一口气吃完整盒饼干；它会让你在辛苦了一天后的下班路上顺手点一份外卖，即使明知家中有健康的饭菜；它还会让你经不住诱惑不由自主地买下一台昂贵的新电视。大脑冲动系统进行反射性运作，无须消耗能量和认知努力。

行为力

当意图的影响力增强，习惯的影响力就减弱，反之亦然。因此，当我们有强烈意图时习惯力量就变弱，我们更容易按意图而非习惯行事。同样，当我们并无多少行动意图时习惯力量就变强，我们就更容易听命于习惯而非意图，以至于我们的大脑计划做一件事，结果却做了另一件事。我们将这种现象称为意图-行为差距。这恰好证明，我们的意图越强习惯越弱，我们的意图越弱习惯越强。

这就是为什么从某种意义上说设定目标是改变生活的有力策略。目标会促使我们考虑自己的意图并反思为什么要实现这个目标——这又进一步强化意图。例如，定下新年决心，实实在在列出一年的打算。如果没有意图，我们的行为将继续受现有习惯支配，生活仍然一成不变。我们将日复一日因循守旧，不会有任何创新、发展和改进的空间，难以尝试新事物让人生闪耀别样的光芒，也无法体味达成人生目标时的满足感和成就感。养成健康的习惯很重要，它可以为大脑储存能量，创造自然流畅感，从而提高效率；强化意图同样重要，因为它能帮助我们持续提升自我意识和实现人生价值。

> 我们的意图越强习惯越弱，我们的意图越弱习惯越强。

要是能把健康的习惯放在大脑的自动化区域，把意图放在反思区域，并能选择在每个区域按需放置我们想放入的行为就好了。那么我们就可以将饮食、运动、冥想、优质睡眠和高效率放在自动化与习惯性区域，把战略思维、独特体验、享受、玩乐等放在大脑的有意识与反思区域。在理想的世界里，当我们面临人生的十字路口，只要按下所需的大脑按钮——左边习惯右边意图——我们的行为就会按照选定的路径自动运行。然而现实是行为究竟受习惯支配还是受意识控制取决于诸多因素，因而我们并不总是能有意识地做出选择。

大脑的反思系统

过往行为频繁发生（即成为习惯）将对未来行为产生强烈影响，而代表反思过程的行为意图则是偶发事件的最强预测因素。假设你发现自己身处新的环境中，也许是一座新城市、一个新公司或一家新餐厅，这时意图的影响力就会上升，你更有可能在思虑再三后做决定。大脑反思系统的能量是有限的，它并不擅长处理外界干扰和过度刺激。例如，你正在阅读一份重要文件而孩子们却在院子里吵闹不停，你就很难集中注意力。

写作本书时，我正在阅读复杂的神经科学文献并打算把它转化为通俗易懂的语言。我的大脑反思系统在这一过程中起着支配作用，我发现自己对周围的噪声干扰变得极度敏感。为了确保工作的流畅性，我不得不关闭电子邮件和手机来电提醒，把自己一个人关进房间里。我甚至得戴上隔音耳机，听着模拟白噪声的雨声音频来淹没周围其他的噪声。否则，即便是最微弱的噪声也能分散我的注意力，打断工作的流畅性。同样，当我在狭窄的地方停车，我会把车内音乐声的音量调小，这是我的大脑反思系统试图排除干扰，让我更加专注于停车。

大脑的冲动系统

相反，当我们感到时间紧迫，或者发现自己正处在熟悉的环境中且重复过去的行为时，习惯的影响力就上升，我们更有可能自动化地、冲动地和下意识地做事。大脑的冲动系统依赖已经形成的习惯，即使在条件并不理想的状态下也能运行。酒精、紧张、精疲力竭、饥饿、时间压力、睡眠不足和负面情绪（例如焦虑、抑郁、担忧）等都会降低大脑反思系统的功能，提高冲动系统的活跃度。

我的朋友杰米最近新得到一只小狗，你要是曾经养过小狗或婴儿就知道，最初的几周（对婴儿来说可能是几个月）你一定身心俱疲。为了照顾和养育这个家庭新成员，你睡不好觉，日常生活节奏完全被打乱。杰米的小狗的确非常可爱，但膀胱很小，每天晚上杰米都必须带它出去好几次。几个星期下来，杰米感觉自己每天都处在疲惫不堪的状态。失眠导致他的身体渴求高能量、高碳水化合物的食物（甜点成了他的救命稻草），他开始出现大肚腩，还戏称之为"爸爸肚"。有一天，杰米正在机修车间的等候室等着给自己的爱车做保养，墙上的大屏幕正在展示最新的免提蓝牙设备，它可以通过汽车扬声器播放手机音乐，杰米立即不假思索地购买了这个昂贵的免提设备，仅仅为了他听音乐时不用插上手机。讽刺的是，他花了好几个小时才找到社区最实惠的机修工，却用相当于汽车保养费 3 倍的价钱买了他自己也承认并不需要的免提设备。杰米之所以会冲动消费，是由于身体处于疲劳状态，大脑冲动系统占据了主导地位。

你应该在很多方面能感同身受。我们在赶时间时很难保持冷静。当我们感到疲惫和焦虑时要做出有益健康的选择就更具挑战性。因为此时大脑冲动系统占支配地位，我们不自觉地又回到旧有的习惯状态，或者只顾贪图眼前的快乐。

冲动也可能是有用的。冲动会在问题反复出现时帮我们快速找到解决办法；冲动也会在我们事务缠身时为关键决策保存能量。冲动同样也可能带来不良后果甚至危害。例如，在治疗喉咙痛时，临床实践指南通常鼓励医生建议患者进行自我护理而不是用药物控制，喉咙痛的症状大约持续一周左右就会消失，患者完全可以自愈。但医生的习惯可能仍是开抗生素，尤其是当医生感到时间紧迫或疲惫不堪时，更容易听命于习惯。尽管抗生素对感冒根本不管用。

对医疗保健专业人员的研究表明，他们的行为受大脑冲动系统还是反思系统控制取决于诸多因素。[2] 长时间工作、人手紧张、碰到疑难杂症、紧急抢救，或不得不处理一系列高度复杂的事务，包括阅读并讲解检查报告、给出诊断结论、开具处方、给出建议等，所有这一切都严重耗费大脑能量和认知资源，大脑的冲动系统也因此被激活。其他因素包括时间压力、饥饿、临床经验等，其中经验的增加和临床行为的重复（这有助于习惯的形成）会降低反思系统的功能，从而进一步强化对冲动系统的运用。

一项充满迷思的研究发现，囚犯更有可能在法官早上刚上班或午餐休息后获得假释——这些变量本该与法律判决不相干。[3] 研究人员对以色列 8 名经验丰富的法官在 10 个月内做出的 1112 项司法裁决进行了研究，发现每名法官每天要连续审理 14~35 个案件，每个案件审理时间约 6 分钟。研究人员发现，与审理顺序靠后的案件相比，法官在刚吃完早餐或午餐休息后的一段工作时间里对案件做出有利判决的可能性达到峰值。数据显示，上班伊始，法官会对约 65% 的案件做出对嫌犯有利的判决，随后这一比例逐渐递减直至午餐前降到几乎为零。午餐休息后，这一比例又回升至 65% 左右。之后，随着法官们不断审理一个接一个案件、做出一个又一个判决，无论特定囚犯的罪行轻重、监禁时间长短、性别和种族如何，法官们都越来越倾向于维持原判。如果很不幸你必须面对法官的审判，而你的案子又有幸成为被审理的前三个案件之一，那么你获得释放的机会将比最后审理的三个案件高出 2~6 倍。

在用餐休息后，法官们会变得更加宽容，因为食物会为他们补充精神能量。本章我们还将深入探讨如何补充精神能量。

反思－冲动模式

反思－冲动模式是一种社会行为理论，它表明我们的大脑有两个并行的系统，即反思系统和冲动系统。冲动系统总是处于活跃状态，而反思系统为默认系统，平常处于闲置状态，需要时才会被激活。这意味着大脑的基本状态是冲动与习惯性的，只有必要时我们才会进行有意识的深入思考。形象地说这种理论很像弹钢琴，只有特殊的时候需要双手合奏，其他时间都是单手弹奏。同样，有时候我们需要同时调动反思系统和冲动系统，其他时候只会用到其中之一。当完成一项新任务、学习某种新技能或处理复杂事务时，我们会启用反思系统；当遇到熟悉的行为时，冲动系统就会自动运行。两个系统之间的互动包括协同作用（系统协同工作）和拮抗作用（系统相互对立）。[4]

先来看一个协同作用的例子。以在血液银行工作的经验丰富的护士为例。在护士们的职业生涯中，她们已经从病人身上抽过成千上万次血。抽血对护士来说是一种自动化行为，根本用不着大脑反思系统的参与，因为她们不用思考该如何抽血。但如果遇到病人的血管不明显，她们就无法完全自动化完成抽血这个动作。这时候护士就需要运用反思系统来协助，帮助其专注于寻找不太显眼的血管，但找到血管后她们又可以重新依靠冲动系统来完成其他动作。

当反思系统和冲动系统处理事项无法兼容时就会产生拮抗作用。以设置闹钟早起跑步的人为例，当闹铃响起，他们会想再小睡一会儿，或者习惯性地关掉闹钟继续酣睡。与此同时，反思系统会催促他们赶紧起床按计划进行晨跑。两个系统的这种对抗性激活往往充满了诱惑与冲突。他们既想晨跑又想睡懒觉。要想在这场大脑反思 – 冲动的博弈中取胜，他们就得试着放弃睡懒觉的想法，更多地刺激反思系统，思考晨跑带来的好处，想想跑完步会多么的神清气爽。这是一种我们都可以掌握的心理练习。

反思－冲动模式理论认为，大脑的反思系统就像感应灯，只有当我们进入房间触发感应器时灯才会亮起。也只有需要有意识地进行深入思考时，我们才会启用反思系统。因此，习惯行为通常也被认为是一种预设反应模式：除非形势需要我们通过深入思考或自我控制打破习惯，否则我们都会按习惯行事。[5]

我 30 岁出头时曾练过 4 年的力量举重。而直到训练全部结束我才意识到自己根本不适合力量运动。像力量举重、大力士训练、相扑摔跤等力量运动更适合四肢粗短、体型宽大、肌肉发达的人去练习。而我个子很高，四肢修长，我的教练甚至给我起了个绰号叫"长杠杆酷吉娜"。

力量举重是通过三种不同的举重方式达到举起最大重量的目的，包括蹲举、卧推、硬拉。尽管我知道自己永远成不了举重冠军，但我喜欢这项运动。要想举起重物必须依靠正确的技术规范，严格的训练锻造了我的韧性，这种韧性又渗透到生活的方方面面，将我的整体精神力量提升到了一个新的水平。

刚开始练习举重，我连哑铃和杠铃都分不清，到训练结束时，我已经参加过当地的一场小型举重比赛，举起了相当于自己体重两倍的杠铃。比赛当日我才发现，我这个重量级的选手只有一个人，所以我的唯一竞争对手就是我自己，因为其他参赛者的体重都比我重 20~50 公斤。我早就说过，我从来就不是举重运动的天选之人。

硬拉是你能在健身房完成的复杂的举重项目之一。它以训练一系列主要肌肉群为目的，是一项包罗万象的复合运动。你必须保持正确的姿势，不仅要考虑双脚的位置、杠铃的握力、膝盖的弯曲度、胸部和背部的角度及下巴的摆放，还要考虑如何撑住你的背部、腹肌和臀大肌，更别提专注呼吸方式了。就算这些动作全部完成，你甚至可能都还没有将杠铃抬离地面。我花了两年左右的时间来完善自己的硬拉动作，一开始我只能同时关注两三件事，比如我双脚的位置、握杆的力度、我的呼吸等，而身体的其他部位则完全不在状态。在我把杠铃抬离地面之前，教练会提示我调整好所有必备动作："膝盖弯曲，臀部向下，撑住背阔肌，吸气，紧握杠杆，下巴朝下，胸部挺起，深呼吸，抓举！"经过日积月累无数次的练习，我终于可以不用教练提示也能保持良好姿势独自进行举重训练。

曾经需要高度认知关注的技能开始成为习惯，我的身体可以自然而然地完成全部硬拉动作。我举重的效率越来越高，我可以在不用投入多少认知注意力的情况下流畅地完成动作。但是请注意：无论我重复这个动作多少遍，它永远不可能成为完全自动化的行为。因为它过于复杂，较之步行等几乎完全可以自动化的其他相对简单的行为，硬拉虽然也具备习惯属性，但总是需要一点意识参与的。

　　跟大家分享我的举重经历是想表明，我们很难将有意识的或习惯性的行为截然分开——有时候两者兼而有之，只是某些行为更倾向于受大脑冲动系统支配，某些行为则更倾向于受大脑反思系统控制。

小 结 ────────────────────

- 我们的行为受两种力量的支配：意图（反思）和习惯（冲动）。

- 大脑反思系统是缓慢的、费力的、有意识的、觉知的、善于分析的、沉思的、富有逻辑的、善于决策的、善于推理的、自我调节的和理性的。它负责我们的有意识行为。

- 大脑冲动系统是快速的、轻松的、习惯性的、冲动的、潜意识的、直觉性的、反应性的、自发的、反射性的。它负责我们的自动化习惯。

- 我们的意图越强，习惯越弱；我们的意图越弱，习惯越强。

第 4 章
习惯的触机

我从不讳言自己酷爱吃甜食。每次我吃完饭朋友们就开始倒数 8 秒，因为他们料定用完正餐不超过 8 秒，我的手肯定会伸向甜点——他们一点都没错。其他让我沉溺甜点的时间，除了在海滩上吃冰激凌或者旅行时就是在加油站了。当我停下来为爱车加油，我总是会随手从柜台上拿起一根巧克力棒，然后一边享用一边驱车赶往下一个目的地，这一切都在不知不觉中自然发生。无论何时也不管自己是否真的馋了，只要去加油站就意味着要去买巧克力棒吃。

直到有一天我在清理车内杂物时才意识到巧克力棒带来的问题。各种包装纸充斥在车门储物格中，毫无疑问我就是罪魁祸首。是的，我是真的热爱巧克力，但我希望只有想吃的时候才选择它，而不是让巧克力选择我。我吃巧克力的方式——不理智的、无意识的和反射性的——就是我的行为无法自控的典型表现。

攻读博士学位几周后的一天，我正在研究与习惯相关的事物。我坐在办公桌前，看着习惯回路图——触机、惯常行为、奖赏——顿时恍然大悟：我吃巧克力的习惯原来是受到加油站的触发。就在那一刻，我才意识到习惯触机的影响力有多么强大，与其说是因为我吃巧克力的习惯太难改变，不如说是因为它的运作方式太过无意识与自动化。我甚至对自己的行为根本毫无觉察，前一分钟我还在加油，下一分钟我就已经吃上了巧克力。我并非有意识地选择这个习惯，它完全是被自动触发的。毕竟我们已经知道，习惯的养成是受环境提示而自动发生的过程，它基于我们后天习得的触机与行为之间的关联。

什么是习惯的触机

触机是触发习惯的外部和内部提示。它们可以简单到早上听到闹铃响起，也可以复杂到在特定情况下产生的焦虑感。

习惯的触机被定义为触发习惯自动化执行的事件。众所周知，触机可以激活、引发、导致、造成、产生、引起、促使、提示、激发、启动、诱使、引出或提示习惯行为。在本书中我将交替使用"触机"和"提示"两个词——它们意思相同。

正如我们之前看到的，吸烟者尤其是那些试图戒烟的人，经常反映说环境刺激导致了行为的失误，影响到他们的思维过程和日常活动。这些人之所以点上烟并不是因为真的想吸烟，他们做出习惯性反应只是受特定环境的触发——例如早上喝咖啡时、在他们的午餐时间、社交场合或者喝酒时。

触机是区分习惯与行为的要素之一。习惯始于触机，行为则不是被触发的而是有意为之的。可以说，触机是养成或改变习惯的最重要因素，因为没有触机就没有习惯。因此，了解触机对于养成良好习惯并长期坚持下去至关重要。同时，对于想摈弃的习惯，通过识别和改变其触机，我们就可以对大脑进行重新编程，使旧有习惯停止被自动触发或者培养新的习惯。在本章中，我们将探讨不同类型的触机如何工作，以及如何利用相关专业知识发挥我们的优势。

> 没有触机，就没有习惯。

习惯的五大关键触机

实验表明，几乎所有的习惯触发因素归纳起来都无外乎以下五类：

1. 时间
2. 地点
3. 前置事件或动作
4. 情绪状态
5. 社会状况

这五大触机包括外在触机和内在触机。时间、地点、前置事件、社会状况属于外在触机；相反，情绪、思想、疲惫和饥饿则来自我们的内在，属于内在触机。

1. 时间

我们的昼夜节律（生物钟）和生活的社会状况决定了时间是强大的触发因素。我们每天通常都会按时起床、喝咖啡、运动、上班、吃饭、睡觉。

在澳大利亚，尤其是我居住的昆士兰，商店和咖啡馆都是早开门早闭店。咖啡馆一般早上6：00开门，下午2：00~3：00就停止营业。然而，在世界上的其他地方，咖啡馆可能上午10：00~11：00开始营业，却会持续到半夜才关门。这些都是为世界各地人们不同的社交方式服务的。在昆士兰，人们可能外出吃早点或喝晨间咖啡；在欧洲，人们则会选择午餐时间与朋友聚会。

时间是很实用的提示信息，因为它客观、可预测，并且保证每天都会发生。以时间作为触机的习惯包括在同一时间醒来、在固定时间吃午餐等。

作为晨起型人，我喜欢早早起床开始崭新的一天，早上5∶30便是我起床运动的提示时间。我也往往选择差不多同一时间用餐：上午 8∶00 左右吃早餐，中午 12∶00 左右吃午餐，下午 6∶00 左右吃晚餐。至于零食，则不分时段随时享用。

如果你想利用时间来触发习惯，可以从使用闹钟、日程表或应用通知作为提醒开始。

2．地点

由于行为受环境驱动，因而地点也是极具影响力的习惯触发因素之一。我们可能频繁接触的环境——家中、办公室、健身房、车里——已经与无数我们想要或不想要的习惯紧密关联。

坐在沙发上会触发你下意识拿起手机浏览社交媒体；去电影院会触发你不自觉地买爆米花；坐上汽车或乘坐飞机会触发你下意识系好安全带。由此可见，环境是行为的强大驱动力。

　　你可以利用地点作为触机培养新习惯。当你希望触发某个新习惯时，你可以在特定地点设置明显的提示。例如，你可以在电脑显示器上贴一张便利贴，提醒自己进办公室时要深呼吸 5 次，或者将药物放在你早上泡茶的水壶旁。

　　也许你想多吃点水果，你可以先把水果切好并放置在冰箱里双目可以平视的位置，这样一打开冰箱你就能一眼看到。诀窍就是让行为变得简便易行。

　　如果你想利用地点改掉旧习惯，你可以采用相同的策略但方向相反——对于你不想要的习惯你应当为其设置环境障碍。例如，你发现自己就算不饿也会不自觉地吃某种零食，那么你可以把这些零食放在洗衣房或车库里很难够到的置物架上。只要你需要你仍然可以随时取到零食，只是已经不再触手可得，你必须去另外一个房间，拿上梯子，才能从最上面一层的架子上取到零食。这个过程就会为你的理性思考留出空间，从而减少不饿也吃零食的机会。这些障碍也许仅仅就是不方便，让你觉得为了吃点零食而大费周章不值得。

　　如果你发现自己一坐到沙发上就想刷手机，那么可以试着换到沙发的另一侧，或者最好换到客厅的其他位置。你也可以尝试将杂志、书籍或者素描本等你感兴趣的东西放在茶几上，从而刺激你拿起它们而不是手机。

　　也许你正努力改掉叫外卖的习惯，因为那很费钱。但每次你走进厨房就能一眼看见冰箱上的外卖菜单。你可以尝试将你喜欢且制作起来方便快捷的烹饪食谱打印出来替换掉外卖菜单。

我们的行为受环境驱动。如果桌子上放着一罐糖果，你可能一整天都想伸手抓糖吃。因此，我们需要创造一个有利于目标达成并支持我们习惯养成的环境。

> 我们的行为受环境驱动。

3. 前置事件或动作

习惯的运作呈现网状特征。一个习惯会滋养另一个习惯。当一个习惯被触发，处在同一网络中的其他习惯也会一个接一个地被触发。例如，你在工作中打开电脑会触发你查看邮件。

我们现有的很多习惯都是对前置事件或动作的自动化反应，这些习惯的相互交织便构成了我们的工作生活日常。当最先被触发的动作完成后，其余的动作就会像产生多米诺骨牌效应一样也相继被触发。例如，醒来触发洗澡，洗澡触发穿衣服，穿衣服触发去厨房，去厨房触发吃早餐，吃早餐触发刷牙，刷牙触发去上班，等等。

使用前置事件触发新习惯，最好是将你想要培养的习惯和已经养成的习惯进行分组。例如，你想使用牙线，可以用刷牙来触发。刷牙的习惯就变成了使用牙线的触机，使用牙线则成为新习惯。

当你使用前置事件作为触发器时有一点很重要，你得创造自然流畅感。你要将自己的新习惯与那些可以自然而然触发它们产生的日常生活关联起来。将牙线与刷牙关联顺理成章，将牙线与洗澡之类的事件关联就显得不合常理，因为牙齿护理与洗澡之间实在风马牛不相及。

4. 情绪状态

我们总是尽其所能地避免体验不良情绪，但有时候在释放和化解负面情绪的同时也养成了有害的习惯。例如，当我们感到无聊时，即使并不饿，我们仍会有吃零食的冲动；当我们感到寂寞时，我们会沉迷社交网络，这只会带给我们虚拟的社交感，但并不会建立真实的联系；我们也会借助酒精缓解压力，但有时会借酒消愁愁更愁。

情绪是很微妙的触发因素，因为我们并不总是能清楚地察觉到自己的感受。想吃零食了，我很容易说服自己我并不寂寞只是饿了，显然事实并非如此。想玩电子游戏时，我会告诉自己这样有助于释放压力，当然很不幸这并不管用。这些情绪修复的权宜之计只能收到短期效果，并不能从根本上让我们的情绪状态变得更好。事实上，大多数情况下结果可能更糟。

要发挥情绪作为触发器的优势，我们首先要理解并识别情绪，这样我们就可以改变或消除不良习惯的触机。本章末尾列出的活动将帮助你找到自己想要的或不想要的习惯的触机。

从今天开始，用健康的习惯去回应你的情绪，替代那些旧有的不良习惯。去满足你内心真实的需求——减轻压力、感受被爱、改善情绪。这个新的触发器可能是：当我感到无聊时，我会听一个新的播客。

其他可以帮助处理不良情绪的积极习惯包括：

- 运动——释放内啡肽并显著改善情绪。

- 深呼吸和正念冥想——缓解压力并保持内心的宁静。

- 表达感激——增加积极情绪，增强社交弹性，建立更牢固的关系。

- 写日记——提升专注力和自我意识。

- 听音乐——可愉悦心情。

- 与亲朋共度时光——加强联络并增进感情。

5. 社会状况

经常与你相处的人以及你对社会规范的看法将不可避免地影响到你的习惯。假设你的同事喜欢召开董事会时在桌子上摆满丰盛的食物，尽管并不饿，你在会议期间吃零食的机会也定然增加。假设你的伴侣有每天早上遛狗的习惯，你养成早上散步习惯的概率也将大大增加。这就是为什么经常和三观一致、目标相同的人在一起对习惯的养成大有助益。

社会责任感也被证明能显著提升习惯性执行预期任务的能力。[1]假如你和朋友一起报名瑜伽课程，相比自己一个人去，你更有可能坚持下去。

你周围的人群构成了你环境的一部分。如果你想控制饮酒量或深夜外出，对于可能助长这些不良习惯的人或者妨碍你实现目标的人，你就要尽量减少与他们之间的相处时间。

你周围的人群构成了你环境的一部分。

日常习惯的常见触发因素

- 当你早上关掉闹钟时
- 当你洗澡时
- 当你刷牙时
- 当你启动咖啡机时
- 当你倒上一杯茶时
- 当你给宠物喂食时
- 当你穿上鞋子时
- 当你坐进驾驶室时
- 当你发动汽车时
- 当你踏进办公室时
- 当你放下公文包时
- 当你坐到办公桌前时
- 当你打开电脑时
- 当你走进会议室时
- 当你有吃零食的冲动时
- 当你关闭电脑时
- 当你坐上公交车、火车或有轨电车时
- 当你晚上关闭电视时
- 当你给手机充电时
- 当你躺在床上时

为你的触机赋能

研究表明，最能有效触发习惯的触机或多或少具备以下特征：

1. 具体化
2. 显著性
3. 一致性
4. 自动化
5. 必然性

有效的触机能强烈而持久地提醒我们执行想培养的习惯。因此，了解触机的这些特征对培养新习惯大有裨益。

1. 具体化

具体化的触机是明确而精准的，不会让人产生任何误解。例如，"我吃过晚饭后"就比"晚饭后"的时间概念更精确。"晚饭后"可以是晚餐和睡觉之间的任何时候，而"我吃过晚饭后"就限定在刚吃完饭。这显然是更严格的触发时间，有利于制订更具体的计划。

2. 显著性

显著性的触机是清楚的、显而易见的或不言而喻的。例如，你把步行鞋放在门口。你每次一看到鞋就会想起锻炼的目标，步行鞋在提示你该去散步了。步行鞋的视觉提示就成为显著性触机，提醒你养成定期散步的习惯。

另一个例子是在手机上设置定时提醒，每天提示你服用保健品或药物。闹铃和通知信息就扮演着显著性触机的角色，提醒你在特定时间服用保健品或药物。

在一项调查研究中，研究人员观察了新近搬家的人并将其分成两组。他们为干预组提供免费的巴士票和个性化的交通行程信息，不为对照组提供任何车票或交通信息。结果显示，相较于对照组，干预组显然更有可能选择公共交通。因为他们手头有触手可及的免费票和行程信息，这些显著性触机使干预组改变交通习惯的可能性大大增加。[2]

3. 一致性

一致性的触机是指每天（或者至少一周中的大多数时候）以稳定频率发生的事件或行为。例如，每天发生的事"早上穿好衣服"是每天都会发生的事，"准备去上班"是只在工作日发生的事。

一致性的触机包括吃早餐、喝晨间咖啡、刷牙等任何经常性发生的事件或行为。

4. 自动化

自动化的触机无须持续努力即可自动发生。我们只要设定好程序就不用再管。例如，"当我设定闹铃时间为早上7∶00时"，我只需将闹钟设置为每天自动响铃，就不用再天天手动输入闹铃信息。重复日历提醒也是如此。

我的一个朋友从事轮班工作，因此，他的日程安排就与传统的五天工作制不同步。为了记得扔垃圾，他便在手机上设置了每周重复提醒以提示自己哪天该扔垃圾。

5. 必然性

必然性的触机是不可避免的，是只要你醒着就会因环境和每日常规导致你必然遇到的触机。例如，"结束一天的工作离开办公室""起床""当我感到饥饿时"等。以感到饥饿为例，它是到了吃饭时间你的身体很自然地且不可避免地要向你发出的信号。此时，感到饥饿就成为养成用餐习惯的必然性触机。

小　结

- 触机对培养新习惯至关重要，因为习惯总是被触发的。
- 习惯的五大关键触机：时间、地点、前置事件或动作、情绪状态、社会状况。
- 有效的触机是具体的、显著的、一致的、自动的和必然的。

活　动

活动 1

　　拿出你的笔记本或日志簿。看看你能分辨自己习惯的触机属于以下哪类吗？（同一个习惯的触机可能不止一个，这完全没问题。）

- 时间
- 地点
- 前置事件或动作
- 情绪状态
- 社会状况

活动 2

　　在你的日志簿上画一个表格，从早上 5：00 开始一直持续到晚上 11：00（见表 4-1）。确保表中的每个单元格都要留出足够的空间。你的任务是分辨生活中触发你习惯的典型提示，这就是触机—响应监控。

表 4-1　触机—响应监控记录

时间	周一	周二	周三	周四	周五	周六	周日
上午 5：00~7：00	5：30 散步 6：00 遛狗						
上午 7：00~9：00	7：00 吃早餐 8：00 去上班						
上午 9：00~11：00	8：30 开始工作 9：00 喝咖啡、吃零食						
上午 11：00~下午 1：00	12：00 吃午餐						
下午 1：00~3：00	2：00 参加每日例会 3：30 吃零食						
下午 3：00~5：00	4：30 下班						
下午 5：00~7：00	5：00 回到家中 6：30 吃晚餐						

（续）

时间	周一	周二	周三	周四	周五	周六	周日
下午 7：00~ 9：00	7：00 准备明天的 午餐、看电视						
下午 9：00~ 11：00	9：00 准备就寝						

　　一旦填好表格，你就可以利用这些信息通过触机 - 响应关联培养新习惯（关于这一点在第 5 章还会详细论述）。你现在要做的是写下你每周的典型日程安排。我已经填好周一这一栏的主要活动作为示例，下一步是添加触发这些活动的提示信息——包括时间、地点、你刚刚完成的活动（前置事件或行动），也可以是你的情绪状态、跟什么人在一起等。

　　具体包括：你什么时间起床、刷牙、吃早餐、准备去上班、坐到办公桌前，你在哪里吃午饭，晚上和谁一起度过，等等。

　　如果可能的话，最好每个提示信息出现时就马上记录下来，而不是等到一天结束甚至一周过完再填写。因为时间一长，你便很难记清必要细节。

你的生活模式

　　填完表格后，看看你能否从对触机 - 响应的监控中识别自己的生活模式。把它们记在日志簿上，这样你就可以开始建立对常见提示和生活习惯的认知。

第 5 章
如何养成新习惯

习惯是铺就我们人生之路的基石。习惯塑造我们的思维方式、行为模式，以及触发我们对周围世界的感知和反应。无论是从清晨的例行活动中开启崭新的一天，还是我们醒着时不自觉地做出数不胜数的无意识决定，习惯都在深刻地影响着我们的生活。事实上，构成我们生活的大部分行为都是习惯性行为。据估计，我们醒着时 70% 以上的行为都是习惯性行为。[1] 人类行为就是习惯的产物！研究表明，习惯是被证明能长久达成行为目标的唯一行之有效的方法。因此，养成与我们的价值观和行为目标一致的健康习惯将有助于创造理想的人生。

> 构成我们生活的大部分
> 行为都是习惯性行为。

毋庸讳言，由于习惯的力量极其强大，改变习惯同样也极为困难。无论是改掉旧习惯还是养成新习惯都具有挑战性，然而回报也相当丰厚。在本章中，我们将深入研究养成健康新习惯的技巧和艺术，探讨形成习惯并长期坚持下去的关键原则和策略。

为什么要养成健康的习惯

养成健康的习惯不仅为我们节省精力和能量，赋予身心自由，还能让我们腾出更多额外时间和精神空间用以处理更紧要的事务。如同我们即使累了也能轻松完成刷牙一样，这些行为早就变得自然而然、毫不费力，这就让我们有更多精力去完成更有意义的事情。

如果你还未充分认识到养成健康习惯将对你的生活大有裨益，下面列举的这些好处或许能对你有所启发。

- **改善身体健康状况，延长寿命**

定期锻炼、合理饮食、睡眠充足等健康生活习惯可以改善身体健康状况，降低罹患慢性病的风险，提高长寿的概率。

- **提升心理健康水平**

冥想、保持正念、压力管理等习惯有助于改善心理健康，减少焦虑、抑郁及其他心理问题。

- **保持精力充沛，提高效率**

坚持运动和保证充足睡眠等习惯能让我们精力更充沛、注意力更集中，从而优化大脑功能且提高工作效率。

- **改善人际关系**

保持积极沟通、共情能力、善良友好的习惯可以改善人际关系，让我们在工作生活中获得更大的满足感和幸福感。

- **提高自尊心，增强自信力**

拥有良好的心态和自我对话的习惯，可以帮助我们提升自我形象，增强自尊心和自信力。

- **强化自主意识**

健康的生活习惯赋予我们一种对自我的掌控感和自主意识，让我们能够更好地实现目标，主宰自己的人生。

习惯形成的框架

养成习惯的方法很简单，就是在同样的环境下不断重复某个动作。改变习惯需要深思熟虑的行动，需要我们抵御眼前的诱惑专注长远目标，通过习惯革命改变人生走向，开创全新的未来。

习惯形成的框架描绘出养成新习惯的三个阶段，注意不要与本章接下来将要介绍的习惯形成的五个步骤混淆。这里谈到的框架更像是习惯形成过程的鸟瞰图。

养成新习惯需要经历启动、训练、维持三个阶段。启动一种新的行为，并不断重复训练该行为，维持其稳定性。本质上，这是我们实现所有目标的通用法则。理论上，我们首先要确立目标，然后采取行动朝着目标奋斗，最后达成目标并维持成果。

1. 启动

这是习惯形成的初始阶段，你决定养成一个新习惯，迈出第一步，并逐步将其融入日常生活。这包括设定一个清晰的目标，明确习惯的触机或提示，然后开始持续地执行这个习惯。

在这一阶段，你开始制订计划、产生行动意图。例如，"我在下班回家后要遛狗半小时"。

无疑，你已经确立了目标并跨越了充满挑战的第一步。第一次出去散步，第一次上普拉提课，第一次进行积极的自我对话。最重要的是，日常活动即使无法为我所用，它也令人心生愉悦。打破常规踏出尝试新事物的第一步，就如同去征服一座高山。想站上顶峰，需要有自我调节的技能。我们研究习惯学的人把它叫作意图的形成、计划和深思熟虑行为的启动。这些都是"努力尝试"的代名词。

> 日常活动即使无法为我所用，
> 它也令人心生愉悦。

在你还不了解改变固有行为是怎么回事就简单给你列出一堆要遵循的步骤是毫无意义的。我会根据科学文献与通过数百人尝试改变习惯的实例，原原本本地告诉你习惯改变的真相。

你也知道，我们每时每刻都面临选择。我们可以决定去做、去表达，去追寻对我们来说真正重要的事情，也可以被恐惧和自满束缚在常规中不思进取。考虑到你正在阅读此书，我想说，你应该已经准备好让自己的生活做出一些积极的改变了，开始行动吧！

2. 训练

在训练阶段，你开始真正地执行习惯，并努力使其成为日常生活的一部分。这就是在你选定的环境中不断重复某个行为（从而创建情境依赖性重复）。

　　这个阶段需要意志力和动力支撑，因为你正在做打破常规的事。增强动力的一个好办法是思考你如果养成了这个新习惯，可能会产生什么样的积极效果。

　　如果我告诉你，每天晚上睡前冥想 10 分钟，你的睡眠质量会更高，将有助于你集中精力、提高专注度、减少暴饮暴食、改善情绪和增强免疫力，[2] 是不是觉得把时间花在冥想上似乎是值得的？

　　现在轮到你了，花点时间设想一个你准备养成的习惯，可以是任何事，或大或小。一旦想好了，我希望你能在日志簿或笔记本上记录这个习惯将给你的生活带来的全部益处。假如你的新习惯是提高身体的活力水平，你的记录清单可以包括以下内容：提高睡眠质量，感觉更强壮，管理体重，提升能量水平，改善心理健康。同时，你要确保这些益处都是你看重的。当你反观这些益处时，你采取行动养成新习惯的动机水平就会显著提升。另一个增强动机水平的好办法是追踪你的习惯，这一点我们将稍后进行介绍。（第 12 章还会专门讨论动机问题。）

　　为了成功养成新习惯，你必须确保它对你有意义或者能给你的生活带来好处。如果受外部因素驱使，例如他人想要你这么做，那么你的目标很难实现。动机包括内在动机和外在动机。内在动机源自你对行为本身的兴趣、行为带给你的乐趣，以及你能从中得到的个人奖赏，例如实现自我价值、获得个人满足感。相反，外在动机则受获得外部回报的愿望驱使，例如获得金钱、被认可、取悦他人或者避免受罚等。确保你养成新习惯的动力源自内在。

相关研究一致表明，与外在动机似乎只能带来行为的短暂改变相比，内在动机更有可能使人产生强烈意图并带来行为的持久改变。[3] 通过外在动机驱使行为改变代表一种为达目的而采取的手段，我们不太可能投入其中。假设你每走一步我给你 10 美元，你就会受外在动机的驱使走尽可能多的步数，然而一旦我停止金钱奖励，你想走更多路的动机很可能会消失。

如果把目标建立在投资自己和获得成就感的基础上，而不是求外在回报，我们将更有可能坚定地追求目标的实现。内在动机培养我们的成长型心态，在这种心态下，我们开始学会视挑战为学习和成长的机会，而不再仅仅关注结果。这将给我们带来更强烈的使命感，并与正在改变的习惯产生更深度的连接。

通过回答这个日志提示"为什么养成这个新习惯对我很重要"来补充你之前记录的关于新习惯及其奖励的笔记 /日志。

3. 维持

在习惯形成框架的维持阶段，习惯最终形成并变得感觉像是人的第二天性。在这一阶段，你已经建立了提示和习惯之间的精神联系（触机－响应关联），已然成功地将习惯从受大脑反思系统控制变成受冲动系统支配。在习惯维持阶段，你选择养成的习惯将随时间的推移而持续存在。当你遇到触发习惯的提示时，你只需要极少的意识和努力，你的习惯已经达到自动化运作的水平。

养成习惯的五个步骤

顺利通过习惯形成框架的三个阶段，并让你的新习惯得以保持的最好方法是使用以下五个步骤：

1. 设定目标。
2. 选择一个简单的动作。
3. 创建触机—响应关联。
4. 采取行动。
5. 使用习惯追踪器追踪你的进度。

下面让我们详细了解每一个步骤。

1. 设定目标

设定切实可行的目标是一门艺术，这就是为什么第 14 章会整章专门谈论这一问题。当你设定自己想要实现的目标时，请确保它切实可行并源自内在动机（即为你自己而做）。

2. 选择一个简单的动作

你可能需要做几件事来达成你的目标。例如，想获得更好的睡眠，达成这一目标的动作可能包括：在大致相同的时间睡觉和醒来，睡前一小时避免看任何屏幕，限制咖啡因和酒精摄入量，等等。你选择的动作应尽量简单可行，同时不妨一次只集中精力执行一个动作。

你选择的动作应尽量简单可行。

3. 创建触机—响应关联

这一步是要计划何时何地执行你选择的动作，以便根据习惯回路建立触机 - 响应关联。你需要保持一致性：选择相同的时间和地点。触机就变成产生关联的两个部分中的第一部分："当我［遇到触机 X］，我将［执行动作（这个动作之后将变成习惯）Y］"。

你的"当我"就成为锚定的事项，因为这是你每天固定的常规行为。你可以运用这样的锚定事项触发自己想要养成的习惯。假如我想睡前一小时避免看任何屏幕，我就会先设定晚上 9：00 上床睡觉，然后往前倒推一小时，于晚上8：00 就关闭所有带屏幕的设备。为了帮助我更好地养成习惯，我会设定晚上 8：00 闹铃提醒，或者设置自动关机。

回顾一下第 4 章的触机 - 响应示例和监控，可以启发你找到触发新习惯的提示。一旦你找到了潜在的触发因素，你就可以将自己想要养成的习惯与之配对，从而建立触机 - 响应关联。心理学家称之为执行意图。采用以下公式记录这种关联："当我（触机）……我将（习惯）……"

- 当我刷牙时，我将用牙线清洁牙齿。
- 当我早上 7：00 听到闹钟响起，我将起床出去散步半小时。
- 当我启动咖啡机，我将给小狗喂食。
- 当我坐到办公桌前，我将深呼吸五次。
- 当我把头枕到枕头上，我将回想一件令自己感动的事。

4. 采取行动

设计一个伟大的触机 - 响应关联并打算养成新习惯是一回事，朝着这一目标采取实际行动又是另一回事。第 4 步很简单，就是行动起来，执行你所选的习惯。

人类的大脑喜欢寻找解释，并为我们为什么不能实现自己想要的东西创造理由。例如，缺乏时间或精力。这是由于大脑认为实现我们的设想需要处理不熟悉的情况，而不熟悉的环境需要大脑做很多工作，它更愿意让我们待在熟悉的环境或常规中。认识到人类的这一缺点很不简单。

大脑试图努力让你待在熟悉的环境中，你可以通过与自己的思想保持一定距离来干扰它。当你注意到大脑开始为不可能的事寻找理由时，试着想："啊哈，你又在找借口啦！你想待在熟悉的环境中，谢谢你，大脑，但我不需要，我想尝试新事物。"

我已经不记得自己计划过多少次要去健身，然后又找出一百个理由来说服自己可以不去。不是天气太热了、太冷了、就是太忙了、太累了，或者安慰自己昨天已经健身了，各种借口不一而足。因此，有时候最好不要想太多，只是去做。我现在醒着，就去行动。我越不听从头脑的想法，就越容易将健身坚持下去——我从未后悔过健身。

有时候最好不要想太多，
只是去做。

5. 使用习惯追踪器追踪你的进度

研究表明，通过自我监控可以让我们的大脑从"无意识"状态向"心智觉知"状态转变。[4]习惯追踪器对监控进度至关重要，使用习惯追踪器会显著增加我们执行新习惯的次数，从而提高行为的自动化水平，促使习惯尽快养成。

自我监控有助于我们记得养成新习惯并带来成就感。还记得当孩子们做了一件好事，我们会给他们一颗金色小星星吗？有趣的是，成年人并没有因为长大就摆脱这种小星星奖励机制的影响。我们在执行了某个习惯后不妨也给自己打个钩，肯定一下，这会让我们感觉良好并激励自己不断重复这个习惯。

使用习惯追踪器不单单是一个机械的追踪过程，它会带来一系列好处。例如，增强动力，激活记忆中与目标相关的信息，触发自我反思，等等。这将有助于我们期望的行为更频繁地发生。

还有一些研究甚至表明，不进行自我监控就不可能养成习惯。有研究显示，一旦参与者停止自我监控，习惯行为也随之终结。研究人员对 19 项 2800 人参与的习惯追踪干预研究成果进行荟萃分析（一种对具有相同研究目的的众多独立科学研究成果进行系统分析的高度可靠的统计分析方法）。

结果表明，使用自我监控手段干预很显然更能达到预期效果。[5] 因此，自我监控与采取行动双管齐下是成功养成新习惯不可或缺的一步。

习惯追踪器不拘泥于任何形式，可以是纸质的，也可以是应用程序（请参阅本章末尾的活动获取二者的链接）。最重要的是使用方便，并让我们对正在讨论的习惯产生一种心智觉知。

当你每次完成任务给自己打钩时，我希望你花点时间为自己感到骄傲，保持短暂的觉知状态，认可自己成功达成一天的习惯养成目标。它将强化你的大脑奖赏中枢，为你下次重复同样的行为注入更大的动力。这真的意义非凡。无须刻意说出"干得好!"，只在达成一个小目标后进行内在认可即可。你值得为自己喝彩。

奖赏步骤：评估、重新评估和重新设计

你想知道自己的习惯回路是否奏效，是否在有规律地对触机做出响应以执行你想要养成的习惯。几天或几周后（因个体差异时间会不同），你需要评估自己的进度，如有必要，重新评估触机 – 响应关联，并重新设计你的计划。

要做到这一点，你只需要查看你的习惯追踪器，并确认你选择的触机是否有效地触发了自己想要养成的习惯。如果

你连续有不错的表现并能坚持定期执行新习惯，那么棒极了，你无须做出任何改变。

如果你发现执行新习惯的频率并未得到提高，那么这意味着你需要重新设计习惯回路。你可能得改变习惯的触机，或者重新评估你选择要养成的习惯是否切实可行。

需要注意的是，随着时间的推移，新习惯执行起来会越来越容易，在大约 10 周内你就会发现自己正在养成新习惯，你甚至可以不必思考就自动完成，感觉它就像你的第二天性。

开展下页中的活动并遵循五个步骤来养成你的新习惯吧。

小　结 —————————————————

- 习惯形成的框架描绘出养成新习惯的三个阶段：启动一种新的行为，并不断重复训练该行为，维持其稳定性。
- 养成习惯的五个步骤如下：
  1. 设定目标。
  2. 选择一个简单的动作。
  3. 创建触机—响应关联。
  4. 采取行动。
  5. 使用习惯追踪器追踪你的进度。

活 动

按养成习惯的五个步骤执行

要把目标转化成习惯，首先选择一个你想将其变成习惯的简单动作，并且是你每天都可以做的事，这将有助于你朝着目标前进。为这个习惯匹配一个已经存在的触机，以便成功创建触机 - 响应关联。现在让我们一步一步完成这个过程。按每个阶段分别做日志提示，计划你将如何养成新习惯。

1. 设定目标

确立你想要实现的目标。如果想找点灵感，你可以在我的网站上查看健康习惯示例列表：drginacleo.com/post/heathy-habit-examples。

2. 选择一个简单的动作

选择你可以每天坚持的动作，这会促使你朝着目标前进。这个动作最终将成为你的新习惯。

3. 创建触机—响应关联

计划你将在何时何地执行选择的动作，并确保动作的一致性。你选择的时间和地点将不会遇到太多阻碍，然后创建执行意图："当我 [遇到触机 X]，

我将 [执行动作 Y]"。

4. 采取行动

每次遇到触机，执行你选择的习惯。

5. 使用习惯追踪器追踪你的进度

在每次执行新习惯时，请使用习惯追踪器将其记录下来。如果需要帮助，你可访问 drginacleo.com/book 并下载纸质习惯追踪器，或者查找习惯追踪器应用程序列表。

按奖赏步骤执行

几天或几周后，重新评估你的触机 - 响应关联的成功程度，并根据需要重新设计你的计划，或者五个步骤全部推翻从头再来，或者微调其中的一两个步骤。你只需要查看习惯追踪器以确定你选择的触机是否有效地触发了自己想要养成的习惯，以及你是否能始终如一地执行它，由此便可判断你的触机 - 响应关联是否成功。重新设计后，确保你能像以前一样在日志簿中记录自己的新计划以方便查阅和实施。

第 6 章
如何改掉旧习惯

　　我们都曾说过这样的话："没办法，习惯了。"习惯是行为的强大驱动力，很难改变，尤其在它们变得根深蒂固时。但只要有决心、能自律，最重要的是采取正确的策略，即使最顽固的习惯也可以破除，并且建立新的积极的行为模式。在本章中，我们将探讨为什么我们会做自己不愿做的事并发现其背后的科学原理，同时找到破除这些旧习惯的有效策略。

　　我做过大量关于习惯的公司演讲，这也是我工作的一部分。我向许多大公司或组织的成员介绍如何养成新习惯，改掉他们旧有的不良习惯。我喜欢让大家参与的一项活动被我称作"习惯自白"。诚如其名，我让听众想出一个自己的不良习惯，该习惯对他们自身和想要实现的目标都不利。同时向坐在旁边的人坦陈这个习惯。太神奇了！因为这项活动显示，拥有不习惯是我们人类真实存在的共同经历。即便是那些最成功、最聪明、最富有、最健康的人，也有这样的习惯，他们的习惯与你我别无二致。参与活动的人坦言自己喝了太多咖啡、睡前刷很久手机、感到无聊或焦虑就吃东西等。我们都是人，都有各种需要摒弃的习惯，是的，包括我自己！事实上，不完美并不意味着失败，它只证明了你是个正常的人。更重要的是，它意味着你还拥有更多的潜力。

怎么才能确定你的习惯是你不需要的？问问自己：这个习惯会把我引向何方？它让我朝着目标前进还是远离目标？如果我坚持现有的习惯，5 年后或 10 年后生活会变成什么模样？

> 事实上，不完美并不意味着失败，
> 它只证明了你是个正常的人。

方向比努力更重要。如果你走在正确的道路上，你迟早会得到想要的结果；而如果方向错了，无论前进的步伐有多快，你终将一无所获。

习惯的自动化意味着，相较于培养新习惯，改掉旧习惯需要采取不同的策略，也将付出更为艰辛的努力。不过，在本章结束时，你将掌握改掉这些旧习惯所需的方法和知识。

我们为什么会养成不良习惯

你是否发现自己陷入同样的固有循环里？很懊恼，对吗？我完全能感同身受。可是一个聪明、坚强、独立的人怎么会被一块巧克力或一个闹钟上的贪睡按钮打败呢？你想早点上床睡觉，却又忍不住在社交媒体上浏览了很久。你想攒更多的钱，可那些促销活动太诱人了。

舒适区

我们之所以会做自己不想做的事，其中一个原因正如之前提到的，大脑认为要实现我们设想的目标需要处理不熟悉的情况，而不熟悉的环境需要大脑做很多工作，它更愿意让我们待在熟悉的环境或常规中。因此，大脑就会创造理由证明我们想做的事太难，例如"我没有足够的时间"或者"我太累了"。毕竟人类是习惯的产物，转变会打乱我们已经建立起来的日常舒适节奏。

大脑认为熟悉即安全，即使这种熟悉感并非我们想要的或必要的。然而，不做出改变并陷入无益模式中是人类的一种自我破坏形式。它是一种基于恐惧的投射机制，在这种机制里，已知的负面结果比未知的潜在危险更让人感到安全。我们之所以会自我破坏，还有一系列其他原因，其中一点便是我们低估了自己的能力，或者说我们畏惧失败、害怕承诺。

值得欣喜的是，你可以"重构"自己的大脑。当你注意到大脑开始为你想做的事创造不可能实现的理由时，试着想："谢谢你，大脑。这的确需要付出很多努力，但旧有的思维却只能带给我一成不变的结果。"然后，振作精神，让行动比思想更快一步，只管去做你想做的事，你的大脑和身体都会因此感谢你。（当然，自我保健也很重要。如果你真的累了或病了，那就休息一下，改天再试。）

奖赏

关于我们为什么会养成不良习惯还有一个简单的解释。我们知道，习惯回路包括触机、惯常行为和奖赏。这就意味着每一个我们想要或不想要的习惯都会带给我们奖赏，即使这个习惯在某些方面甚至是有害的。

例如，你开始每天晚上吃甜点，将其作为餐后享受甜食的一种方式，而且连续吃了好几个晚上。你坚持晚餐后吃甜食的时间越长，它就变得越自然而然，最后成为一种渴求和习惯。这种习惯也许无助于你达成健康目标，但它的确提供了奖赏，满足了你对甜食的需求。

又或者，你决定多睡一会儿不再早起跑步，因为外面又冷又黑，你有理由选择不去跑步。但是当这种理由发生变化，天气重新变得晴朗时，你会发现自己已经放弃了跑步的习惯，养成了新的不跑步的习惯。不去跑步无助于你变得更有活力，却能让你多睡一会儿，这也是一种奖赏。

还有一个经典的例子是晚上喝一杯葡萄酒。一方面它帮助你在忙碌的一天后放松身心，另一方面它又会对睡眠产生负面影响，让你第二天更加疲劳。

如果反思一下你就会发现，每个不良习惯都同时伴随着奖赏。但很多时候其造成的影响却远超奖赏。因此，想过上健康幸福的生活，改掉这些不良习惯就具有重要意义。

我喜欢的作家之一布里安娜·威斯特在《翻越你的山：从自我破坏到自我掌控》一书中描述了这种内在的冲突。[1] 标题中的"山"就是我们想要摒弃的生活日常和习惯行为。威斯特说，我们可以把问题想象成一座靠地质力或日常生活中的不可抗力推动形成的高山。我们个人的山会更具体：人际关系、工作问题、财务困难、成瘾行为、饮食失调或令人崩溃的情绪等。为了翻越自己这座山，突破限制自我的一切障碍，我们必须在大脑反思系统与冲动系统两者间找寻答案。

人生的某些障碍是无法掌控的，它原本就是生活的一部分。当我们处理完生活抛来的考验后，长期问题却开始浮现。为了应付这一切，我们选择向生活妥协并默默承受痛苦，而所有这些将慢慢堆积成一座大山，横亘在我们和未来的幸福之间。与此同时，在吸取教训的过程中生活也成就了我们，使我们成为自己命运的主宰者，实现对生活的自我掌控。

如果你发现自己仍在重复旧有的不良习惯模式，那么请放心，改变习惯永远不晚。在我们的一生中，习惯都是可塑的，只要你打算改变它，你就一定能做到。不管你多大年纪，也无论你养成该习惯有多久，你都可以改变它。我曾经与 70 多岁高龄的客户合作，帮助他们改掉了保持了 50 多年的习惯。既然他们都可以，你也一定可以。

继续固守不良习惯是一种自我破坏行为。要想看到实实在在的变化，我们必须抛掉那些旧习惯。改变习惯的第一步是下定决心，并准备迎接不期而至的挑战。改变习惯是不易的，但只要有足够的自我意识和坚定的意志，并保持行为的一致性，你就一定能如愿以偿。

如何改掉不良习惯

有两种行之有效的改变不良习惯的方法，我称之为“重新编程”和“重新架构”。重新编程就是用新的想养成的习惯取代不想要的习惯。也就是说，根据现有的触机重新编程一个新习惯。重新架构则需要重构你的环境以彻底避免旧习惯被触发。让我们分别详细了解一下这两种方法吧。

重新编程

你是否被告知或者告诉过自己"快停下来吧"或者"别再那么干了"？不饿的时候就别吃，已经吃饱了就不要非得把盘子里的东西吃光，别再看那么久的电视，别再消极了，别再拖延了。所有告诫都不管用。这样的话我无疑对自己说过很多次，但从未奏效。即使不饿，我还是会吃光盘子里的所有食物。为了解释这一现象，让我们回想一下习惯回路。我们知道习惯是由提示信息触发的，结果是提供奖赏。由于所有的习惯都会让我们获得奖赏，因而很难简单地消除它们。这就是为什么"快停下来吧"之类的建议很少起作用。

你要用一个能提供类似奖赏的新习惯来替代旧习惯，而不是消灭它。我们不能简单地抛掉旧有的关联，而是要学会建立新的关系。

例如，你一感到无聊就想吃东西，"停止吃东西"将对改掉旧习惯无济于事，因为这并不能满足你想摆脱无聊的愿望。相反，你需要寻找其他方式来排解这种无聊情绪。当你觉得无聊时，你可以给朋友打电话、去外面散步5分钟，甚至可以开始学习一门乐器。你的新习惯需要由无聊触发，并通过满足你寻求刺激以摆脱无聊的愿望来让你获得奖赏。

使用重新编程的办法来改掉旧习惯，需要保持习惯回路的触机和奖赏不变，改变的仅仅是惯常行为。瓦妮莎是曾与我合作过的一名客户，她习惯每天晚上下班回家后喝一杯葡萄酒，她认为这有助于放松（这是她获得的奖赏）。但瓦妮莎的医生告诉她，每周至少要歇两天不能喝酒。她很乐意地接受了医生的建议，却总是在喝下半杯后才意识到自己今天不该喝酒。她也意识到，对她而言，不自觉地从橱柜里拿出酒杯，然后打开酒瓶倒满一杯葡萄酒，已经成为一种强大的自动化的习惯。她的惯常行为是喝一杯葡萄酒，获得的奖赏是放松。

她不可能不回家，所以她无法避开这个触发因素。为改掉喝酒的习惯，她必须用一种新的能帮助她放松的习惯来替代。因此，我们使用了相同的触机（下班回家）和同样的奖赏（放松），但尝试了几种不同的方法。例如，让她尝试喝一杯凉茶、洗个热水澡、练习深呼吸、做伸展运动，以及冥想或阅读。结果她爱上了喝凉茶，这也最终成为她的新习惯。为了避免反弹，我们将茶杯摆在她原来放酒杯的地方，酒瓶则被挪到房间另一处很难够到的地方。这样一来，当她习惯性地伸手拿酒杯时，她碰到的是茶杯，这就提醒她，她的新习惯是喝凉茶而不是喝酒。3年后，当我写作本章时，我与瓦妮莎取得了联系，得知她下班回家后仍在喝凉茶，喝酒的习惯已经彻底戒除。

重新编程的作用原理是改变大脑神经元之间的连接。我在第 1 章中谈到了赫布学习，它描述了这样一个原理：一个神经元被激活，另一个神经元也同时被激活，两个一起被激活的神经元更像是成对出现并产生连接。所以，如果你小时候被狗咬了就会对狗心生畏惧，那是因为你的大脑识别"狗"的神经元被激活，同时感受"疼痛"的神经元也被激活，狗与疼痛之间便产生了连接。

改变习惯的理论则与之相反，即反赫布学习。在反赫布学习中，如果你已经在两个神经元之间建立了连接，而你只激活其中一个神经元，却没有激活另一个，它们之间的连接就会减弱。这种"遗忘法则"可以用来解释，为什么如果你不断接触对人友好的狗，你就可能忘记对狗的恐惧。那是因为大脑识别"狗"的神经元被激活，而感受"疼痛"的神经元并未被激活，"狗"与"疼痛"之间的连接就会逐渐减弱，直到代表"狗"和"疼痛"的神经元最终再难同时被激活。这就是我们如何改变习惯回路并破除弊习，如何通过重新编程对习惯的触机做出全新响应的理论依据。

使用重新编程的方法来改掉旧习惯需要进行一些试验和试错。不同行为提供给你的奖赏并不尽相同。瓦妮莎是幸运的，她通过喝凉茶达到了放松的目的，再也不用一回家就迫不及待地喝上一杯葡萄酒。对其他人而言，喝凉茶可能并不管用。他们需要通过晚上借助社交媒体或者冲个热水澡来放松。在重新编程的过程中，我们需要抱着好奇的心态和试一试的态度。

对习惯进行重新编程最简单的练习方法是拉开触机与响应之间的距离。例如，你想改掉一上床就刷手机的习惯，不要刚上床就拿起手机，而是等上 5 分钟、10 分钟，哪怕只有两分钟也行。尝试在触机（爬上床）与响应（刷手机）之间留出足够的时间差。长此以往，神经元之间的连接就会日渐减弱，习惯也变得不再自动化运作。在触发因素和习惯行为间留出空间，就是给自己留出选择的余地以决定下一步该做什么。在选择中我们将收获成长并赢得自由。

重新架构

研究表明，当人们搬新家、换工作或者度假时，习惯最容易被打破。[2] 那是因为他们所处的环境已经发生了彻底改变，其行为不再受旧有触发因素的刺激。当然，我们也不必非得搬家或者换工作，只需要改变触发行为的环境就能达到同样的效果。记住一点，我们的行为受环境影响。

重新架构就是通过改变你周围的环境彻底消除触机——习惯回路的第一要素。如果我们将触机消除，习惯也将不再发生。没有触机＝没有习惯。

> 如果我们将触机消除，习惯也将不再发生。

晚餐时如果将食物摆在你面前的餐桌上，你即使吃饱了也会忍不住再吃几口。你可以将适量的食物直接盛到盘子里，剩下的则放在厨房，从而消除刺激你多吃几口的触机。又或者，如果你清晨站在阳台上喝咖啡会触发你吸烟的习惯，你可以通过早上不去阳台喝咖啡而是待在客厅里来改变触发环境。社会科学家称之为"上游干预"，因为它是在习惯养成之前进行的干预。

研究显示，当我们处在不同情境下做出某种行为时，我们的意图往往会预测我们未来的行为。然而，当我们处在稳定的环境中，过去的行为就会成为未来行为的最强预测因素。[3]假设你在一天中的不同时间锻炼，你的意图就会驱动你的行为。但是如果你每天都在相似的时间锻炼，那么你将要实施的锻炼行为就会受触机－响应关联的驱动。这种关联性越强，你越有可能在无意识状态下保持锻炼的习惯。

　　我还与另一位客户合作过——我叫他萨姆，他有一个习惯，就是在下班回家的路上经过一家提供免下车服务的快餐连锁店时点一份套餐，然后边开车边吃。他的妻子叫他回家吃饭，他也希望能和家人一起共进晚餐。可是到了第二天，他又不假思索地开车驶进了快餐连锁店，点了同一份套餐。他自己也感到沮丧，然而第三天他又动力十足地做了同样的事。接下来的一天，他继续尝试改掉这个旧习惯，这次他告诫自己回家路上绝不在任何地方停车，但是，一看到快餐连锁店，用他的话说就像有一块巨大的磁铁将他的车吸引到了免下车快餐店（当然没有磁铁，只是萨姆的习惯力量太强）。虽然这次他没有点相同的套餐，但还是吃得太多以至于无法和家人一起享用晚餐。这时萨姆向我求助。我马上做出判断；他的触机是看到快餐连锁店，惯常行为是开车经过，获得的奖赏是毫不费力地满足了他的饥饿感。

　　我拿出地图测算了一下，如果萨姆换另一条路线开车回家，就可以避开快餐连锁店，而且他只需多花一分钟时间。我们交谈过后他选择了新路线，这也是他一年多来第一次与家人共享健康晚餐。他特地观察了几天，想看看自己是真的改掉了吃快餐的习惯，还是仅仅处在尝试新事物的"蜜月期"。后来他打电话告诉我，说他真的改掉了旧习惯，看不到快餐连锁店意味着他可以直接开车回家。他说自己已经没有了对快餐的渴望，甚至压根儿都想不起来。我能听见萨姆的妻子在电话里大喊："克莱奥博士，谢谢您！"这不仅仅是眼不见心不念，更是因为他没有遇到触机并启动习惯回路，所以根本不可能有习惯行为发生。当你坐到饭桌旁时，你不会试图系上安全带，因为这不是你系安全带的触机，但坐到车里则是。

环境是行为的强大驱动力，因此重构环境将带来习惯的改变。[4]研究人员对大学生的阅读、锻炼和看电视等日常行为展开研究，以便了解他们从一所大学搬到另一所大学会发生什么改变。研究发现，只要遇到的触机（如地点和社会环境等）相似，他们的习惯在新大学就会保持不变。例如，如果新的室友有锻炼的习惯，被研究者也会继续锻炼。但当触发习惯的环境发生变化，他们的习惯也会随之改变。如果新室友不像以前的室友一样经常阅读，那么被研究者就会减少阅读时间。

新的环境消除了自动的触机－响应关联，促使我们做出新的不同决定。例如，在对大学生的研究中，换一所大学使学生们更有可能问自己这样的问题："我真的应该看电视吗？""我真的喜欢这项运动吗？"当处在新的环境中，他们会开始反思自己的习惯而不仅仅是简单地重复。当环境发生变化时，我们会变得更具觉知，从而减少行为的无意识性。这就让我们有机会从自身的价值观、目标和意图出发采取行动，而不是受自动化的对我们不利的触机 – 响应关联主导。

改掉不良习惯的四个步骤

本章末尾有一个很有价值的活动，可以帮你通过四个步骤改掉你的不良习惯。概括如下：

1. 识别不良习惯。
2. 探究习惯的触机。
3. 反思习惯的奖赏。
4. 确定重新编程你的习惯与重新架构你的环境哪个更适用。

冻结习惯

在环境转变时期，习惯的触发因素会被打乱。例如，当我们外出度假，我们的习惯会被暂时停止或冻结。这里的关键词是"暂时"，因为当我们重新置身触发行为的环境中（度完假回家时），旧习惯就会被解冻。我们可能以为自己已经改掉了旧习惯，事实上只是在一段时间内没有接触到习惯的触机而已。

例如，阿米拉习惯在下班后和同事一起去上普拉提课。她休了两周年假没去上课，她以为自己定期锻炼的好习惯已经消失了。但是当阿米拉回到工作岗位，她又开始和同事一起去上普拉提课了。

练习节制

我个人并不喜欢完全戒除某种东西的想法，因为我们最不愿接受的就是给人一种自己没有自制力的感觉。记得我20多岁时曾尝试减少巧克力的摄入量。我采取的办法是不在家里放任何巧克力。可是当我去朋友家或者参加会议，只要有巧克力吃，我马上就变成了爱吃巧克力的"怪兽"，并且又冒出"要么全有要么全无"的想法。不过一些研究表明，无论多么顽固或成瘾的习惯，只要30天不接触相关物品或实施相关行为，就会导致大脑发生重大变化，从而帮助我们破除旧习惯。[5]

安娜·伦布克博士是精神病学教授，也是阿片类药物流行病方面的专家。她在《成瘾：在放纵中寻找平衡》一书中指出，大脑重置奖赏路径和多巴胺回流再生平均需要30天。[6]换句话说，如果没有对我们产生强烈吸引力的事物或行为，平均需要30天我们才能重新感受到快乐和幸福。一项研究针对患有抑郁症且酗酒的男性进行。他们被安置在医院，但不接受任何抑郁症治疗，也不能接触酒精。4周以后，86%的男性不再符合抑郁症标准。酒精带给他们高度的奖赏感，从而刺激多巴胺的分泌。通过剥夺他们接触酒精的机会，大脑的奖赏系统就会重新达到健康的平衡。[7]

这30天会带来两大好处。首先，我们能够开阔视野，去关注和享受生活中其他的事情，这将大大拓展我们感兴趣的领域。其次，我们可以回过头去看一下导致不良习惯产生的真正原因是什么，它给我们的生活和周围人带来了怎样的影响。

当然，要坚持30天，说起来容易做起来难。这取决于你想要改变的习惯是什么。总体来看，第1~10天是最困难的。事实上，前10天有时可能会很糟糕，你会感到情绪激动、愤怒、焦虑和冲动。一旦熬过了这10天，一切都会好起来。山的那一边将是更美好的生活，坚持下去，你能做到。我曾经遇到一些人，他们改掉了最顽固的习惯和成瘾行为。既然他们能做到，你也一定能做到。

如果30天后你决定适度恢复自己想改掉的习惯，你可以采用自我约束的策略来实现。例如，你可以将此习惯限定在周一和周五，也可以遵循每天10分钟，或者其他任何你

为自己设定的限制条件。大多数时候，你对原有习惯的看法
会改变，再不会像以前那样没有节制。

> 我曾经遇到一些人，他们改掉了
> 最顽固的习惯和成瘾行为。既然
> 他们能做到，你也一定能做到。

伦布克博士在书中还描述了一位她合作过的打电子游戏
成瘾的患者。他情绪低落、焦虑不安并导致最终辍学，他相
信唯有电子游戏能缓解他的抑郁症。事实上，这恰是他患抑
郁症的罪魁祸首。当他放弃玩电游 30 天后，他感觉比几年
前好了很多。当他最终决定重新开始玩游戏时，他采用了与
过去不同的方式。他希望减少玩游戏的时间，对游戏的依赖
心理变得更健康。他成功地做到了让自己只玩某些不太容易
让人上瘾的游戏，而且只跟朋友玩不跟陌生人玩。通过自我
约束策略，他用限制使用时间的方式戒掉了玩电子游戏上瘾
的习惯。[8]

是什么阻碍了你过上最美好的生活？接下来的 30 天会
对你改掉习惯有帮助吗？

小　结

- 改掉习惯永远不迟。习惯在你的一生中都是可塑的，所以只要你想，你就一定可以。

- 你生活中的每一个习惯——无论你想要或不想要——都会给你带来奖赏。

- 你可以通过以下方式改变习惯：

  1. 使用现有触机重新编程一个新的习惯响应（用想培养的习惯代替不良习惯）。

  2. 重新架构现有的触机（避开环境触发因素）。

- 在触机与习惯之间创造空间，随着时间的推移，神经元之间的连接就会减弱，从而打破习惯的自动性。

- 习惯力量与强烈动机可以调节改变习惯的效果。

- 改掉不良习惯的步骤是：

  1. 识别不良习惯。

  2. 探究习惯的触机。

  3. 反思习惯的奖赏。

  4. 确定重新编程你的习惯与重新架构你的环境哪个更适用。

- 坚持戒除某种物品或行为 30 天将有助于改掉顽固的习惯或成瘾行为。

活　动

改掉旧习惯

同养成新习惯一样，你可以通过重新编程或重新架构改变触机 - 惯常行为 - 奖赏循环，从而破除不良习惯。

要改变习惯，你需要了解它们是如何运作的。习惯分析图是很好的工具，可以帮助你弄清楚做这件事的初衷是什么，这样你就可以有效破除不良习惯。

破除不良习惯的四个步骤

如果要绘制你坚持的习惯，请使用相反的模板。在你的日志簿中画出图，并填写你的答案，如图 6-1 所示。

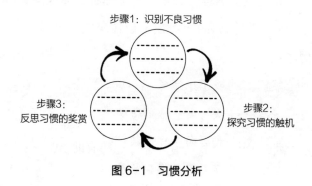

图 6-1　习惯分析

步骤 1~3：习惯分析

步骤 1：
识别不良习惯。

确认最多三个你生活中的不良习惯。

例如，我在不饿的时候吃东西。

步骤 2：
探究习惯的触机。

写下触发不良习惯的提示。

例如，当我感到焦虑或无聊时。

步骤 3：
反思习惯的奖赏。

列出你因养成不良习惯获得的奖赏。

例如，吃东西让我有事可做。

步骤 4：选择破除方法

针对你想改变的每一个习惯，分别确定采用重新编程或重新架构哪一种方法更合适。一种方法适用于某种习惯，却未必能放之四海而皆准。采用哪种方法取决于你是否能避免被触发。例如，你不可避免地要上床睡觉，也不可能不起床。

如果重新编程更合适，写下你将要完成的新习惯，它将替代你的旧习惯（记住奖赏不能改变）。例如：

触机："当我下班回家。"

~~旧习惯："我要喝一杯葡萄酒。"~~

新习惯："我要喝一杯凉茶。"

奖赏："忙碌一天后得到放松。"

如果重新架构更合适，写下你打算如何避免或修正习惯的触机。例如：

触机：~~"当我下班后开车回家时，我会路过一家快餐连锁店。"~~

习惯："我点了一份有薯条和可乐的中份套餐。"

重构触机："下班后选择另一条路线开车回家。"

奖赏："享受与家人共进晚餐。"

分别记下你将如何改掉自己的三个不良习惯。第一次尝试这么做时，你可能会不太自信，但没关系。这正是一种需要练习才能完全掌握的技能。

第 7 章
习惯的神经学原理

当我们养成新习惯和改掉旧习惯时，大脑究竟发生了什么？老狗真的能学会新把戏吗？豹子究竟能不能改变它的斑点？

我坚信，如果你了解事物的运作原理，你就知道如何改变它。这就是为什么我想揭示人类大脑的奥秘，并详细说明如何运用大脑的力量来创造你想要的生活。让我们从心智与大脑的区别开始吧。

心智与大脑

心智与大脑是两个不同的概念，尽管它们都对我们的身体和行为产生巨大影响。大脑是一个生理器官，是我们身体可见的有形世界的一部分。它由神经元和细胞组成，利用电信号和化学信号在其内部和身体的各个部位之间传递信息。大脑是我们的心智得以存在并发挥作用的物理结构。

心智则是更抽象的概念，它是指从大脑活动中产生的主观体验和心理过程。心智是思想、感觉、态度、信仰、情感、觉知、记忆和想象等无形的超验世界的一部分。我们的心智受遗传、环境、经验等各种因素的共同影响，并日复一日地构建和重塑我们的大脑。

从本质上说，心智和大脑是一个统一的系统。随着大脑的变化，心智也会发生改变；同样，大脑也会随着心智的变化而变化。

人类的大脑

大脑是人类最复杂的器官，其首要任务是维持人类的生命。它通过神经通路，即神经元之间的连接，将信息传递给身体来实现这一目标。这些神经元帮助我们完成生存所必需的呼吸、进食、行走、感觉、思考和交流等行为。虽然我们的大脑重约 1.5 千克，约占整个身体重量的 2%，但它每天消耗的能量占比却高达 20%~25%。[1]

大脑的基本构成单位是被称作神经元的细胞，我们的大脑中估计有 1000 亿个神经元。每个脑细胞都与其他脑细胞之间有 1000~10000 个连接，这简直就是个错综复杂的"意大利面碗"。如果把大脑的这些神经连接辅成一条直线，其长度约 500 万公里，相当于绕地球 125 圈。就像城市的电力传输网络一样，大脑通过电化学信号沿着这些神经连接进行信息的传递。这些信息沿着相同路径行进的次数越多，路径就变得越坚固。就不良习惯而言，这个路径就是指自我破坏的冲动系统与不良习惯之间的连接通道。

就像电脑各部分由电线连接一样，大脑各部分由神经连接。这些连接将不同的脑叶联系在一起，同时也将我们通过视觉、嗅觉、听觉、味觉和触觉这五种感觉获得的信息与我们的身体动作及其运动方式联系起来。

这就是大脑能成为我们整个身体控制中心的原因。它就像一个发电站，连接着我们的每一个想法、动作和感觉。也正因为如此，作为人类，我们才能提前计划、解决问题、体验情感和存储记忆。

神经可塑性

过去，科学家们认为我们的大脑在童年之后便不再改变，成年后大脑就已经固化和定型。然而最近的研究告诉我们事实并非如此。我们已经发现，大脑是具有适应性和可塑性的。终其一生，我们的大脑都是可能而且确实在发生变化的。神经科学家将大脑的这一特性称作神经可塑性。即使步入老年，大脑也可以通过新的活动来实现重塑与重构。

把你的大脑想象成一个动态的城市规划图，这里充斥着数以亿计的大道、小径和高速公路。其中一些道路被频繁使用，这就是你的习惯，是你既定的思维方式、感觉和行为。每当你以某种特定方式思考、感受特定情绪或练习完成某个特定任务时，你都在强化那条道路。你的大脑会更容易和更有效地沿着那条道路传递信息。

假设你换种方式思考问题，选择体验不同的情感，或者学习一项新任务，本质上你是在开辟一条新道路。如果你继续沿着这条道路前进，大脑就会更多地使用这条新的道路，这种新的思维方式、情感体验和行为模式就会成为你的第二天性。它就像一条被经常使用的高速公路。与此同时，旧有道路因为使用率越来越低，所以影响力越来越弱，因而会变得更像偏僻的小巷。

通过建立新通路削弱旧通路来重新连接我们的大脑，这恰恰是神经可塑性发生作用的奇妙过程。神经可塑性被定义为大脑形成和重组神经连接的能力，尤其反应在学习和体验上。换句话说，这是大脑在我们的一生中都不断发生变化的能力，包括其结构和功能。[2]

神经可塑性描述的是一系列过程，在这一过程中，我们的情绪、行为、经历和思想在生理上改变了大脑发生作用的方式。我们思考、感知和所做的一切都通过大脑神经回路进行传递的，这些相同的思想、感受、行动和经历也可以改变和重塑它们途经的神经回路。

可喜的是，你有能力通过重新建立神经连接学习如何改变。事实上，如果你曾经改变过习惯或者换种方式思考问题，你就已经亲身体验过什么是神经可塑性。

当我得知自己有重塑大脑的能力时，我感到无比强大。我意识到，无论生活中有什么样的习惯，我都有能力改变它，而且会越来越容易。

老狗还能学会新把戏吗

在婴儿期、童年和青少年时期，我们的神经可塑性开关处于开启状态。然而成年后，这个开关则转向中间状态。不过尽管年岁增长，大脑仍具有可塑性，并且在我们的一生中都会保持这种可塑性。作为成年人，我们也可以学习、改变和掌握新技能，只是需要更大的毅力。我们在任何年龄都有能力学习说一门新的语言，但却不像小时候学说话那样可以轻轻松松学会。

掌握了这些知识，我们就会明白大脑支持不断重复的行为，而阻碍那些鲜少发生的行为。这意味着我们的日常行为很重要。当我们拖延行动时，我们不仅仅在拖延完成任务，实际上是在强化它的神经通路，导致我们变得更加拖延。

> 当我们拖延行动时，我们不仅仅在拖延完成任务，实际上是在强化它的神经通路，导致我们变得更加拖延。

这个概念帮助我意识到，每当我在生活中重复一次不良习惯，就是对它的一次强化。这帮助我停止寻找借口，我不再说"就这一次"或者"我下周开始"。

习惯形成或改变时的大脑

当我们养成新习惯或改掉旧习惯时，大脑中各种生物学机制和生理机制就开始发挥作用，诸如神经发生、突触强化、突触修剪等。你不必记住这些专有名词，只需要懂得它们的工作原理既神秘有趣，又将对你重启人生大有裨益。

- **神经发生**：这是我们的大脑创造新神经元的过程。神经发生出现在我们学习新技能或经历新的人生体验时。大脑会通过这些新的体验产生新的神经连接。例如，当我们养成一个新习惯时，大脑就会感知到触机－响应关联，并将两者（触发因素与响应事件）联系在一起。我们的大脑还会与旧的神经元建立新的神经连接。又如，当我们改掉一个不良习惯，重新设定一个新习惯来替代旧习惯时，大脑就会在新习惯与旧习惯的触机之间建立连接。因此，当我们遇到旧习惯的触机时，我们就会执行新习惯，而不再执行旧习惯。

● **突触强化**：神经连接之间的实际强度是具有适应性并可以改变的。这意味着我们可以在神经元之间创建更强的连接，从而带来长期的变化和长久的适应性（习惯养成）。这就是通常所说的"强习惯"，这些习惯在我们的生活中根深蒂固。我们可以通过不断重复实现突触强化。当我们反复执行相同的动作以响应同一个触机时，大脑就会强化触机与行为之间的神经连接。简而言之，习惯回路被重复次数越多，习惯就会变得越发牢固和强大。

● **突触修剪**：我喜欢这个表述。突触修剪就像园丁对树木修枝剪叶，去除死亡的或多余的枝叶，让健康的树枝能够茁壮成长。同理，我们的大脑也需要剪除老旧的、衰弱的和被闲置的神经连接，从而优化其认知功能和提高效率。我们执行某个习惯的次数越少，其神经连接就越弱，直到最后大脑知道已经不再需要这些连接（因为它们不再被使用），并彻底将其舍弃。这就是破除旧习惯时大脑中发生的变化。由此可见，豹子也是可以改变其斑点的。

　　一起放电的神经元会相互连接，不同步的神经元则无法连接。[3] 我们有力量、有技巧通过强化或修剪神经连接彻底重组大脑。反过来，大脑的改变又会引起自动化行为和习惯的改变。这就是神经可塑性的力量。

> 一起放电的神经元会相互连接，不同步的神经元则无法连接。

　　大脑重新连接的成功取决于坚持不懈的、保持一致的和具有情境依赖性的重复。

改变很重要、有益处且对生存不可或缺

　　我很容易选择积极的生活方式，因为从运动中获得的好处对我来说很重要且与我的价值观一致。保持运动让我受益良多，其中一点就是它有助于我白天集中注意力，晚上睡得更好，让我心情愉快、精力充沛。我把它称作我的运动疗法。

当我们相信改变很重要、有益处且对生存不可或缺时，这种想法就能大大增强成年人大脑的神经可塑性这一与生俱来的能力。如何才能做到这一点呢？冒着听起来像励志演说家的风险，我想请你找出自己改变背后的"为什么"。你为什么做出改变，或者实现这个目标为什么对你很重要？它将给你的生活带来什么益处？你想成为什么样的人？

回答这些问题并真正反思你的答案，将帮助你找到必要的动力，激励你朝着目标前进，从而带来大脑的这些重要变化。明确自己的目标和实现目标后可能带来的益处，将使人产生信心、动力和热情。

使用什么样的语言和自己对话也很重要。你是想学弹钢琴还是想成为音乐家？你只是想强身健体还是真的热爱运动？你对自我的定义和认知可以塑造你的行为，影响你的选择。例如，如果你认为自己是一个善良而富有同情心的人，你就更可能在当地慈善机构做志愿者，或者帮助有需要的人。如果你相信吸烟有害健康，你就不大可能会吸烟。如果你这么做了，你可能会经历认知失调。当我们的行为与信仰、价值观和对事物的看法不一致时，一种令人不舒服的心理冲突就会产生。[4] 举一个经典的例子，某些人说谎后会感到不安，那是因为从根本上他们认为自己是一个诚实的人。既知道自己做错了事、说了谎，但又认定自己是个诚实的人，由此便产生了心理冲突。

因而，与其专注遥不可及的目标，不如追逐与自己身份相契合的目标。你可以通过完成以下句子来重建自己的身份认同感。你可以说："我是健康/冷静/自信/自律/成功的。"创造一个连贯的叙事对于我们发现意义，解决认知失调问题，建立基于生活经历的社会认同感至关重要。

认知失调会降低我们获得奖赏的动力。例如，我们知道吃超加工食品或者吸烟对健康不利。但如今吸烟人数比历史上任何时期都要少的原因并非基于吸烟者认为吸烟是坏习惯，也不是因为那些宣传活动提示吸烟会给健康带来危害，更不是因为我们知道吸烟与癌症或其他慢性疾病相关。在反吸烟的战斗中，最有效的信息传递方式是向年轻人展示富人们围坐在桌旁谈笑风生的视频，嘲弄那些富人从因吸烟而导致健康问题的人身上赚取了多少钱财。[5] 如此一来，激发年轻人的叛逆情绪并使其变成不吸烟者，就像当初他们因叛逆而转向吸烟一样。

我们很容易受到营销的影响。研究人员向食物成瘾症患者展示了食品工业是如何通过设计生产令人上瘾的食物来操纵消费者的。他们展示了数月来的研究成果，耗资数百万美元经费研发的产品、他们使用的食品原料，以及那些创造出诱人口感让人觉得好吃得停不下来的夸张的化学添加剂。食品工业巧妙地利用了糖、脂肪和盐，使我们的生理机能变得紊乱。那些食品的生产者知道如何投其所好并恰到好处地激活我们的奖赏系统，使我们吃了还想再吃。这样一来，我们基本上都会再次选择他们的产品而不是竞争对手的。一旦揭开这层面纱，就能让食物成瘾症患者了解到一些企业制造成瘾食品的真相，其行为和价值观之间就会产生心理冲突，其对食物的上瘾程度就会降低，对超加工食品的购买量也会大幅减少。[6]

　　社交媒体开发者创建这些平台的目的就是让我们尽可能多地浏览。当了解到这一点后，我看到了这种效应如何在自己的生活中发生，因为浏览的时间越长，他们赚到的钱就越多。这始于社交网络界面无限滚动功能的引入，它使我们无休止地滚动内容，既不会中断也没有终点。然后是推送通知，当有新的内容或信息更新时，这些通知就会提醒我们。例如，"萨莉在市场上发布了一款新产品"之类的。我真的需要知道这些吗？我真的不需要，但有时候我还是想看看萨莉到底卖的是什么。这些推送制造了一种紧张气氛和生怕错过的恐惧感，迫使我们频繁地查看自己的社交账户。还有就是个性化内容的诱惑，社交平台会向我们推送那些通过巧妙设计的算法推算出的我们最可能参与其中的帖子，这通常基于我们之前的搜索行为和兴趣偏好。这些平台之所以这么做，就是为了营造一种相关性和熟悉感，使我们不断回到该平台。

但是社交媒体通过制造社会认同感来玩弄我们的自我价值感，有点过分啦！研究显示，我们获得的点赞、评论和分享等形式的反馈会激活大脑的奖赏系统，如果得不到反馈，久而久之，我们就会感到沮丧、孤独和空虚。[7]我还可以举点游戏化的例子，例如通过点数和徽章激励我们保持登录状态；还有创造社交规范的技术，例如显示我们的密友在线，但事实上他们并不在线。这样的例子不胜枚举。那些电脑工程师、研究人员和社会心理学家们甚至比我们自己更了解我们的大脑，懂得如何制造令人上瘾的用户体验。我们不得不怀疑，面对他们，我们还有多少选择的自由？我不知道你们有何感想，当我发现这些社交媒体的操纵策略后我就已经对漫无目的浏览网页失去了兴趣。尽管我还会在自己的社交账号上发帖子，但你很少能看到我在社交媒体上浏览或者把空闲时间花在社交平台上。也许这源自我内在的叛逆性，但是我愿意保持这种状态。因为我想掌控自己的时间和大脑的奖赏系统。

深入挖掘，找到你改变习惯背后的原因，让它对你有意义，并相信自己已经成为那个你想要成为的人。

小 结

- 我们的大脑终其一生都是不断变化的，这便是神经可塑性的奇妙之处。神经连接每天都在变化，我们有能力通过重塑大脑改变人生。

- 老狗也能学会新把戏——通过神经发生，豹子也能改变其斑点——通过突触修剪。

- 一起放电的神经元会相互连接，不同步的神经元则无法连接。

- 习惯非常好地展现了神经可塑性的力量。

  » 我们通过掌握新技能或经历新体验创造新的神经元和突触连接，同时通过不断重复来加强神经连接，这就会带来习惯的长久改变。

  » 当一段时间不执行某种特定习惯时，我们就能摆脱旧的、弱化的神经连接。

- 当我们相信改变很重要、有益处且对生存不可或缺时，我们就能大大增强大脑的神经可塑性。

第 8 章
微习惯

由于从事行为改变领域的相关工作，我经常会与那些想给生活带来改变的人交谈。我们都曾立下过新年决心和目标，希望成为更好的自己。我认为，只要方法得当，目标的确可以成为宝贵的工具，帮助我们做得更好、变得更好。但我经常看到那些想让生活彻底改变的人，他们的目标清单更像是圣诞老人的礼物清单，而不是现实可行的愿望。我们想减肥、健身、还清债务、多去旅行、每天都冥想、多喝水，以及成为更好的父母、伴侣和朋友。这样的愿望数不胜数。

我们的大脑一次最多只能做出三个改变。因此，将你为自己设定的目标限制在三个或以下，而不是让你的大脑不堪重负。这样一来，你成功实现这些目标的概率将大大提高。再进一步说，如果你能一次只专注一个改变，而不是同时专注多个改变，那么你实现目标的可能性就更大了。

简单改变行为

研究表明，我们想改变的行为越简单，我们就越能坚持下去，也就越容易取得更好更持久的效果。[1] 做出较大且复杂的改变不仅更难实现，也更难维持。简单改变行为。与试图做出较大的改变相比，做出较小的持续的改变并将其累积起来能更有效地改变生活方式。这是因为相对于复杂的改变，简单的改变需要更少的意志力和动力。

在第 9 章中，我们将了解到自我控制是一种有限的资源，它终将耗尽——这一概念被称作自我消耗。因此，我们不能将自制力作为持久而可靠的依赖，尤其是当我们感觉不是特别有动力或者生活中的阻碍降临时。我们的动力就像波浪一样，潮起又潮落，日复一日、时时刻刻都起伏不定。

图 8-1 的 "S" 型曲线图的纵轴表示动机水平，横轴表示时间。随着时间的推移，我们的动机水平会从高到低再从低到高来回波动。直线 A 代表具有挑战性的行为，因而需要更高的动机水平。直线 B 代表简单容易的行为，需要较低的动机水平。你从中可以看到，当动机水平较低时，我们就不大可能坚持执行具有挑战性的行为。例如，外出跑步或读完一整章内容。但是，当动机水平较低时，我们却可以经

常做一些更简单的事。例如，在街区悠闲地散步或阅读一页内容。

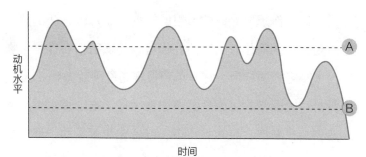

A表示困难且不一致的行为
B表示简单且一致的行为

图 8-1　困难行为与简单行为的动机水平比较

我们知道一致性是养成习惯的关键。因此，为了养成和维持我们期望的习惯，很重要的一点是尽可能降低对动力和意志力的需求。我们通过把这些习惯拆分成一个一个很小的习惯来完成，我把它们称作微习惯。

> 为了养成和维持我们期望的习惯，很重要的一点是尽可能降低对动力和意志力的需求。

什么是微习惯

微习惯是你想要养成的习惯的一种分解形式，我的意思是它指更微小的简化版的习惯。你可以将微习惯看作是不需要付出太多努力的行为，它简单到很容易说到就做到。

例如，假设你的目标是健康饮食，每天吃一片水果比彻底改变你的日常饮食要容易得多。或者你想多运动，那么每天散步 15 分钟就比跑马拉松更容易实现。

如果一次性完成一个太大的目标，你可能在最初的几天或者几周内能做到坚持不懈，但你的动力最终会逐渐被消磨殆尽。无论是因为要面对尖叫的孩子、工作的压力还是感到疲惫，结果就是你的改变以失败告终，你又回到从前的旧有习惯中。这就是为什么说从分解习惯开始，操作起来会有效得多，它能让你坚持不懈地做下去。最终你的大脑会完成自我重组，并将这个习惯视作第二天性。

小步前进似乎不可能抵达终点。我们都希望尽快实现目标。但是，研究一再表明，做出大的改变很难。事实上，如果我们做出微小的改变并始终如一地坚持下去，往往会取得更大的成功。[2] 每天步行 15 分钟看起来没怎么运动，但这15 分钟的步行累积到一个月或六个月将比尝试几次马拉松就放弃的运动量大得多。

综合效益

人们很容易高估一次性大行动的重要性，却低估了频繁发生的小行动的价值。一种普遍存在的误解是，重大改变必须采取宏大的行动。我们以为，减肥就必须严格控制饮食，健身就必须每天进行高强度运动，而要存款则必须放弃一切奢侈消费（跟看电影或外出就餐说再见）。但真相是，很少人能坚持那些重大行动。长期坚持严控饮食是不可能的，为了攒钱从此不再看电影或去餐厅享用美食也不现实。只有不断坚持那些微小的、现实的行动才可能取得重大成就。正如银行账户里的钱通过复利实现倍增，微习惯带来的益处也会随着我们的不断重复而产生复利效应。如果你一次只清理橱柜的一个格子，在接下来的几周里不断重复这个动作，每次清理一个新的隔子，最终整个橱柜都会被清理干净；而要是等到有了足够的动力再一次性清理整个橱柜，那么它可能就会一直保持杂乱状态。这就是改变小事，成就大业。

> 改变小事，成就大业。

方向比努力重要得多。你沿着正确的方向迈出的每一步都朝向你的目标，无论步伐有多小。在正确的道路上缓慢前行比朝着错误的方向快速前进要有效得多。小小的进步也是进步，微习惯将助你实现这种进步。

燃起动力

微习惯能让你在早期轻松取得成功。只要你给自己设定切实可行的目标——例如，减少 5 分钟看屏幕的时间——你达成了这个目标，你的大脑就会激活一个奖赏通路，帮助你体验愉悦感和满足感。这个奖赏通路在燃起动力并鼓励你再次执行该行为方面起着至关重要的作用。由此可见，哪怕是达成一个很小的目标，你都能强化该行为，同时强化导致奖赏产生的神经通路。

强化自我效能感

你相信自己有能力实现目标吗？希望如此。相信我们有能力实现自己设定的目标是对动机水平和取得成功的最强预测因素。这种信念即自我效能感。高水平的自我效能感预示着最终的成功。[3]

自我效能感不是自我形象、自我价值或其他类似的概念。自我尊重侧重于"存在"，或者说是一种对自我的全然接纳；而自我效能感更侧重于"行动"，它是指面对挑战时以一种积极进取的态度采取行动，并且知道自己有能力应对挑战。

引入自我效能感这一概念的心理学教授阿尔伯特·班杜拉说："人们对自我能力的信念深刻影响着他们的这些能力。"[4] 亨利·福特说："无论你认为自己行或者不行——你都是对的。"[5]

假设一个人正在学习一门新的语言。如果他具有高度的自我效能感，即使过程充满挑战，他也相信自己有技巧且有决心流利地应用新语言。这种对自己能力的信念将激励他坚持练习、查阅资料、寻求帮助，始终如一地战胜挫折。最终，他的自我效能感将引领他成功学会这门语言，增强对自己能力的信心，也为将来面对各种挑战建立了自信。我曾花了 6 个月时间在南美旅行，我避开了繁华的旅游路线，另辟蹊径地选择了探索偏远小镇。我所到之处的当地人都不大会说英语，因此，为了四处游览或方便点餐，我不得不学点西班牙语。我会看一些带字幕的卡通片，因为它们使用的是一些基本词汇，让我有足够的信心去学习。我相信自己能学会一些西班牙语，我也做到了。虽然无法与他人进行深入对话，但用于日常交流已经足够，我可以完成沟通和轻松旅行。

让我们假设一下，你无法实现目标是因为你觉得自己没有足够的经验。产生这种的想法和感觉将给你制造焦虑和压力，从而刺激大脑的交感神经系统，让你处于逃跑、战斗或冻结反应状态。在这种状态下，你的创造力和战斗力丧失，你的大脑无法再专注达成目标带来的益处，你就会开始拖延自己当下就可以采取的行动。这导致你注意到你并不是在做自己内心深处想做的事，于是，这又强化了你认为自己无法达成目标的最初想法。缺乏自我效能感就是一种恶性循环。

　　首先想想要实现自己的目标你需要成为什么样的人。你要变得更开放、更勇敢、更沉着、更自律和更有承受力吗？回想过去展现这些特质的时刻，开始用你能成为实现目标的人——事实上你就是这样的人——信念会取代自我怀疑的想法。每一次面对自我怀疑并打败它，你都是在向自己证明你是可以的；每一次感到恐惧依然迎难而上，你都是在展现自我的内在力量；每一次打消你的借口并义无反顾地去做，你都是在向自己的内心需要被倾听的伟大致敬。这就是自信与自我效能感提升的秘诀：每次勇敢做出一个小改变。

> 每一次面对自我怀疑并打败它，
> 你都是在向自己证明你是可以的。

关于自我效能感的例子包括：一个在某科目上不具有特别天赋的学生，相信自己有能力学好这门课程。或者，一个准妈妈对照顾新生儿感到紧张，但她相信无论多么困难她都有能力取得成功。

微小的改变可以提升自我效能感，因为相较于大的改变，我们更有可能实现微小的改变。给自己设定一个切实可行的微习惯，当习惯养成时我们将获得正向强化，自我效能感会得到进一步提升。这是一个美妙的循环：

养成微习惯 = 正向强化 = 提升自我效能感 = 养成微习惯

微习惯推动自我效能感提升，自我效能感促进行为改变，并最终形成习惯。其他提升自我效能感的因素包括：肯定式的自我对话（"我能做到"；参见第 15 章），以前曾经改变其他行为或习惯的先例，以及他人的鼓励。[6]

正是其于这些理由，我相信微习惯及其触发因素是实施可持续变革的最重要的概念。

微习惯有多微小

我在跟一位叫比利的客户合作时学到了很多东西，他体重严重超标。他的个人目标是绕着当地公园走 5 公里，但是当我遇见他时他已经多年不运动了。我看得出走路的想法对他来说是个挑战，主要原因是他对自己保持运动的能力缺乏自信。于是，第一周我让比利只要穿上步行鞋就行。几天后他找到鞋子并能每天穿着步行鞋绕着房子走。然后，我让他走到他的信箱处再走回来。他好奇沿着这条路走下去会有什么，于是就走到了街道的尽头再走回来。随着时间的推移，比利开始绕着街区走，直到最后他终于成功地绕着当地的公园走完了 5 公里。他当然兴奋至极。比利减肥成功了，建立了自信，并参加了跑 10 公里的比赛。这就是从穿上步行鞋开始，以取得被他称作"不可想象"的成就结束。

我从与比利的合作中学到的是微习惯的强度、持续时间、执行频率取决于每个人寻求改变的情况和能力。让我们以两个想变得更有活力的人为例，对其中一个人来说，第一个微习惯是穿上步行鞋，对另一个人来说可能是每天步行 20 分钟。关键是让微习惯足够小，以便你能坚持下去。

让你能动起来的微小的运动习惯包括：

- 在等待水壶里的水烧开时，撑着厨房的柜台做 10 个俯卧撑。
- 在等待面包烤好的同时，保持靠墙直角坐姿。
- 刷牙时，保持单腿平衡。
- 看电视时，在插播广告时段做深蹲。

你可能听说过这样一句话："每天进步 1%。"意思是如果你每天进步 1%，一年后你将进步 38 倍（ 1.01^{365} =37.78）。说实话，我压根儿不相信这样的理论，因为我觉得大多数情况下它都不切实际、不适用和不正确。你怎么能做到把一个行为具体化，然后除以 100，并且知道这 1% 看起来或摸起来像什么呢？也许你有能力每次进步超过 1%，而你依然坚持 1%，那么你的进步就太慢了，你可能会因此失去动力并完全放弃自己的目标。

这里还要说明一点，有时候培养新习惯才是目标，你不需要每天都进步。例如，我想每天冥想 10 分钟，10 分钟就是我努力的目标。我不需要每天都要比这 10 分钟好 1%。因此，与其每天都努力进步 1%，不如做一些小到你无法拒绝的事。我可能没时间每天冥想 10 分钟，但可以冥想 2 分钟。我想说："寻求仪式感，而不是结果。"意思就是你只管参与进去，能做什么就做什么，然后逐渐将其变成生活日常。

> 我想说："寻求仪式感，而不是结果。"

当一个微习惯开始变得自然和自动化时，你就可以增加它的强度、持续时间和执行频率，直到你期望的习惯完全养成。例如，假设你的最终目标是每天走 10000 步，那么就从 2000 步开始。一旦每天走 2000 步变得自然而然和习惯化，增加到一天走 4000 步，然后是 6000 步，直到达成每天走 10000 步的目标。

我的好友凯特也是我习惯实践课程的毕业生，她称自己为微习惯的信徒。凯特从过去的"追求卓越""要么全有要么全无"和"不成功便成仁"转变为将微习惯融入自己以及那些她指导的客户的生活中。"大约 10 年前，"她说，"我比现在重很多。我尝试过很多种改变行为的方法，但没有一个奏效。所以我开始对生活和行为方式做出非常小的改变。一开始只是步行 10 分钟，之后逐渐延长时间。我只是做了很多小的调整。"现在的凯特对自己的体重很满意并坚持定期锻炼。当我问她要把微习惯融入生活什么策略最有效，她说："我发现很重要的一点是选择让自己感到舒服且与生活协调一致的微习惯，否则，我不会发自内心地想坚持做下去。"

每天都像你想成为的人那样去生活，你的梦想终将成真。你能开启新的人生，改变你的生活日常，尝试新的选择，培养新的习惯，打破现状并随时重新出发。关键是不要陷入"要么全力以赴要么临阵退缩"的心态中。从长远来看，你在这种心态下很难成功。要诀是选择微小的、简单的行动，这不仅更容易操作，也更容易长期坚持下去。

> 每天都像你想成为的人那样去生活，你的梦想终将成真。

从做一个俯卧撑、喝一杯水、偿还一笔小额债务、读一页书、完成一笔销售、删掉一个旧的联系人和走一圈路开始。以一个你能轻松做到的行动作为改变的起点。正如文森特·梵高所说："伟大的事情是由一系列小的变化汇集而成的。"[7]

在恐惧和无聊之间找到最佳平衡点

试想一下，你和我正在打网球。逐一对比我们的网球技术无不处在同一水平线上。我们曾一起打过网球且各有胜负。这是一场势均力敌的比赛，你知道只要稍微多花点精力就能打败我。如果不得不用 1~10 的数值范围来衡量动机水平，1 代表完全没有动力，10 代表非常有动力，那么现在你处在哪个动机水平呢？大多数人会说自己处在 9 或 10 的水平。你可能感到动力十足，因为你知道自己有能力赢得这场比赛。

现在设想一下，我已经离开赛场，你面对的是有史以来最伟大的网球选手，她以发球有力、打法强悍和坚忍不拔著称：举世无双的塞雷娜·威廉姆斯。球场上只有你和塞雷娜，她将发球给你。

这时候，假设塞雷娜·威廉姆斯离开球场，取而代之的是一个5岁的孩子，而且还是第一次站到网球场上。

你现在的动机水平是多少？大多数人不会特别有动力对这场比赛全力以赴，因为他们知道根本不用太努力就能轻松取胜。此时他们的动机水平在2或3。相反，他们会有极强的动机让孩子赢，虽然他们中有些残忍的人可能会想："我就是要打垮那个孩子。"

当目标过大时，我们会失去动力，因为这会令我们倍感压力或深受重挫。同理，当目标过小时，我们也会失去动力，因为我们感觉不到挑战性也兴奋不起来。

最佳平衡点就落在舒适区边缘。它位于恐惧和无聊之间，在这里我们会有点不舒服，同时又感觉到一定的挑战性。当动机达到轻度或中度激活水平时，大脑处于最佳学习状态。过高或过低的激活状态与唤醒水平，都将抑制大脑学习。研究反复表明，当任务难度适中时，人们愿意付出最大的努力；当任务过于容易或者过于困难时，人们愿意付出的努力最少，如图8-2所示。[8]

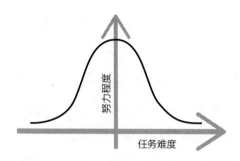

图 8-2　任务难度与努力程度的关系

　　恐惧是一种过度刺激反应症状。当我们的目标过大或太具挑战性，或者实现目标所需的条件远超我们的技术水平和能力范围，恐惧就会产生。当你朝着自己的目标前进时，你感到举步维艰、压力很大，一想到这个目标你就不知所措，你就应该明白恐惧正向你袭来。如果出现这种情况，你应重新修订自己的微习惯，让它变得易于管理和切实可行。在与恐惧相反的另一端，无聊则是刺激不足的反应。这是由于微习惯对你来说不具有足够的挑战性。可能表现为你认为目标太过容易且随随便便就能实现，却迟迟不肯采取任何行动。如果是这样，改变你的目标，让它稍微大一点，更具挑战性一点。

只需要在场：鼓动性习惯与执行性习惯

　　早上起床后，我通常会走进厨房给自己泡一杯茶。有意思的是，我品尝的茶每天都不一样。有时是英式早餐茶，过几天又换成印度奶茶，今天早上喝的就是白玫瑰香草茶，偶尔也会来一杯热巧克力。我的鼓动性习惯是每天都要喝一杯热饮，但执行的方式却总不同。鼓动性习惯就像"启动"按钮——习惯性地决定做某事。而执行性习惯则像"播放"按钮，推动习惯持续执行——习惯性地做某事。

鼓动性习惯是指你受情境触发自动去做某事，例如早上刷牙。执行性习惯是指通过一系列行为来推动习惯向前发展。例如，你洗完澡后如何把身体擦干，或者你如何煮好一杯咖啡。

我有经常早上去健身房的习惯，但并不习惯具体做某项运动。我知道这是因为去健身房已经成为习惯，而每次做的运动却总是不同；每次我都不得不思考要做什么运动。我的鼓动性习惯是泡一杯茶和去健身房，却并没有形成针对这些行为的执行性习惯。我习惯性地决定泡一杯茶和去健身房，这些决定是自动化和下意识做出来的。但具体如何执行这些习惯，我却不得不思考——我想要喝什么茶？我今天该做什么运动？

了解这些为什么重要？因为越来越多的科学研究表明，鼓动性习惯而非执行性习惯能够预测一种行为发生的频率。那些被自动触发"去散步"的人（即他们有鼓动性习惯）更有可能始终如一地坚持经常性散步。对他们而言，成为习惯的是决定去散步。如果你只有散步的执行性习惯，这将不大可能有助于你坚持经常性散步，因为你仍然需要就是否去散步做出决定。在这种情况下，成为习惯的是散步本身，而非决定去散步。只有在你有意识地（非自动化）做出去散步的决定后，与散步相关的习惯行为才会产生。以列维为例，他喜欢带小狗去公园散步。但他并不是每天都去，只在有兴致或者想起来的时候才会去散步。列维散步的时候总是走同一条路线——沿着小径穿过马路走到公园——然后顺着公园跑道绕圈。列维从未想过换条路线或者去别的公园。决定去散步并不是列维的习惯（他并没有习惯性地决定去散步，这不是鼓动性习惯）；他散步可能有别的目的，但散步时绕着公园走则是他的习惯（他习惯走同一条路线，这是执行性习惯）。

事实上，你无须将行为变得完全自动化，因为形成鼓动性习惯（习惯性地决定做某事）便足以维持这种行为。当你已经为做某件事情做好了必要的前期准备时，你就不必执着于制订完美的计划，你只需要在场。你只要养成开始的习惯，成为每天都在场的人。未来会发生什么并不重要，重要的是你一直都在场，开始吧！

> 你只要养成开始的习惯。成为每
> 天都在场的人。

　　本章末尾的活动将帮助你成功养成微习惯。现在，此时此刻，请拿起你的笔记本或日志簿去完成那些活动，从今天开始朝着你的目标出发。

小　结

- 我们的大脑一次最多只能做出三个改变。
- 与试图做出大的改变相比，我们可以做出小的持续的改变，这些改变累积起来能更有效地改变我们的生活方式。
- 你想改变的行为越简单，就越有可能坚持下去，因而结果也会越好、越持久。
- 微习惯是你想养成的习惯的分解形式，是你不需要付出太多努力的行为。
- 微习惯的力量强度、持续时间和执行频率取决于每个人所处的环境和改变的能力。

- 自我效能感是保持动力和取得成功的最强预测因素。

- 目标太大或太小都会让我们失去动力。最佳平衡点才是最合适的。它位于恐惧和无聊之间，在那里我们不会感到太不舒服，同时目标又具有一定的挑战性。

- 鼓动性习惯是指你受到触发自动去做某事（习惯性地决定做某事）。执行性习惯是指通过一系列行为来推动习惯持续执行（习惯性地做某事）。专注鼓动性习惯——只管开始去做——结果就会产生更可持续、更加频繁的期望行为。

活 动

活动 1

实践微习惯

回顾一下你在第 5 章中写下的希望养成的习惯并将其分解成微习惯。想想这个习惯可能的最小存在形式。让你的微习惯足够小以至于你无法对它

"说不"。例如，如果你想养成每天写作一页的习惯，你的微习惯就可以是每天写一段。这意味你先养成写作的习惯，假以时日，你就能逐步提高以实现写作整页的目标。

在你的日志簿上写下你的微习惯，这样你就不会忘记且更容易跟踪其进度。

当你选择的微习惯变得更加自然而然和自动化时，你可以在你的日常行为中添加新的微习惯，或者增加微习惯的力量强度、持续时间和执行频率。

活动 2

真实面对自己

我愿意把下面的反思提示问题表述为"真实面对自己"。回答这些问题可以帮助你确定自己是否真的愿意实施你在前面选择的微习惯。

1. 你愿意承诺在下个月每天坚持这个微习惯吗？三个月、半年或一年呢？

如果你不愿意每天坚持这个微习惯，那它很可能无法实现，或者说它的实现对你来说并没有那么重要。你对这个问题的回答必须是很明确的"我愿意"；如果不是，你就需要重新考虑自己的微习惯。

2. 如果你每天坚持这个微习惯，将会带来什么变化？

例如，每天冥想 10 分钟，你会变得更加专注和平静，它甚至还可以帮助你改善睡眠。不积跬步，无以至千里。花点时间反思微习惯可能带来的结果，因为这会成为你坚持下去的强大动力，并提醒你为什么要这么做。

3. 不做这件事的痛苦是否超越了做的痛苦？

任何改变都需要你做出牺牲。改变并不容易，你必须发自内心地想要做出改变。问问自己这值得吗？为什么？

4. 你将如何对自己负责？

实行追责制能营造让你的习惯得以坚持下去的氛围。你可以选择你的朋友、配偶、教练或习惯追踪器来监督你。

在反思了如何"真实面对自己"这些问题后，你要对自己想养成的习惯进行必要的调整，并确保将它们记在笔记本或日志簿上。

第 9 章
我们如何自我控制

你是会拿起休息室里新鲜出炉的甜甜圈，还是会把手伸向一块水果呢？对大多数人来说，这可能是个具有挑战性的决定。我们每天都要面对无数这样的决定，这时候就需要自我控制。有时候，为了不让自己沉迷于下午茶的甜食或者再挥霍一杯西雅图极品咖啡，那简直就像是一场与身体的搏斗。我曾无数次告诫自己"我得提高自我控制的能力"——但那是在对自控力和意志力及其局限性有更多了解之前。

自控力被定义为一种改变、调整、变革或超越自我冲动、欲望和习惯性反应的能力。它与意志力可以互换使用，因为它们具备相同的执行功能——一种为实现长期目标而延迟满足感和拒绝短期诱惑的能力，一种可以控制思想、感觉、冲动、情绪、适应性或习惯性反应的能力。自控力是一项至关重要的技能，不管你如何看待它，我们每个人都具备这种能力。

通常情况下，人们在想要改变某种需要付出巨大身心努

力的行为时就会想到自己的意志力。例如，戒烟、酷爱甜食
又不得不戒掉甜食、定期锻炼、一贯花钱大手大脚却要省
钱等。

　　在本章中，我们将了解到自控力是如何发挥作用的，为
什么我们总感觉自控力不够，如何才能提高我们的自我控制
水平，最重要的是，我们如何不依赖自控力就能达成长远
目标。

自我控制

　　当我们进行自我控制时，我们就会对并不需要的比萨说
"不"；我们会一如既往地坚持冥想、用牙线清洁牙齿、进
行积极的自我暗示；在阳光灿烂的日子里，我们会选择继续
学习、工作，而不是随心所欲地待在海滩上；尽管并非心甘
情愿，我们仍会早起锻炼、按时就寝。

　　刻意控制我们的冲动并避免只满足于眼前的需求和欲望
是一项基本生存技能，它让我们坚持行为的目标导向，最终
实现想要的结果。

　　尽管人类具有自我调节的能力，但许多行为失范或社会
问题可能都源于自我控制能力的持续下降。虽然遗传因素、
社会经济地位和系统性问题也在很大程度上产生了重要影

响，但体重超标、药物滥用、暴力犯罪、财务管理不善（包括个人债务和赌博）、性传播疾病及某些慢性疾病（如某些癌症和心脏病）都直接或间接源于自我调节能力的缺失。

这也可以理解为至少从某种意义上说自控力是一种我们无法长期依赖的可耗竭资源。

你可以把自我控制想象成一块肌肉。肌肉需要能量才能发力，完成行为的自我控制同样需要能量，在这两种情况下我们都不能太饿或太累。

肌肉持久用力会变得疲劳，进而导致其持续发力的能力下降。同样的道理，自控力如同从有限的"蓄水池"里汲取能量，随着需求的增加，能量逐渐被耗尽，从而导致进一步自我调节的能力下降。

设想一下你拿起一个哑铃做二头肌弯举。做了几个弯举动作后，你的手臂就会感到疲劳，这时候你就需要放下哑铃让手臂休息一下，然后才能开始下一套弯举动作。自控力也一样：你使用得越多，它就越容易耗尽。在经历了漫长、辛苦又情绪化的一天后，你回到家中最不想吃的就是鸡肉沙拉。你会渴望巧克力蛋糕、奶酪外加一杯葡萄酒。

又或者你正在实施一项减肥计划，其中包括严格的节食计划和运动计划，两者都需要很强的自控力。一开始你能量爆棚，但当你的自控力因持续使用变得越来越弱时，你变得疲惫不堪，只好半途而废。你可能也想重新振作起来，一而再再而三地重试，但由于你的身体、情绪和精力都已消耗殆尽，你的"自控力肌肉"已经没有能量让你再继续严格节食。最终你精疲力竭，感觉再也无法继续下去，于是选择彻底放弃这个计划——这就是"溜溜球"式减肥陷阱。

自控力也是一种通用资源——无论是工作需求、生活需要、情感需求，还是度过难熬的一天、听到孩子们的尖叫声、被堵在路上、与他人发生口角，抑或是你累了或饿了，你都是在消耗自己有限的自控力资源。简单地说，你在某项任务上用到的自控力越多，你能用于其他任务的自控力就越少。

你可以把自控力看作一个银行账户。你的账户上每天都有一定数额的资金。当你开启新的一天时，你会因生活所需从账户中借记资金，你因某事借的钱越多，能用于其他事情上的钱相对就越少。如果有一天你借记了大量的资金，那么你这一天的账户余额也就会比其他日子更早地归零。在你还有大量剩余资金的日子里，你也有足够的自控力可以运用于其他更重要的任务。但是，在生活已经消耗掉你大部分自控力的日子里，你就不大可能有精力去处理其他更富挑战性的事情。例如，调节情绪、坚持节食和进行高强度运动等。

我们生活在一个工作时间空前长而睡眠时间空前少的时代。各类新闻和媒体充斥在我们的生活中，人们恨不得每时每刻都能通过电子邮件联系到我们。也难怪我们会感到如此疲惫不堪。

自我耗竭

1923 年，西格蒙德·弗洛伊德首次将自我控制能力减弱的状态概念化为自我耗竭。这里的"自我"在心理学意义上是指介于世界与你的欲望和冲动之间的那部分自我，是你实现自我控制和实施决策等执行功能的一部分。而"耗竭"通常指事物数量的减少。因此，自我耗竭描述的是一种自我控制能力的耗尽现象。

弗洛伊德喜欢用马和骑手做比喻，其中马代表生活，骑手代表自我控制。他认为，一般情况下骑手是负责控制方向的，但有时候却无法阻止马去它自己想去的地方。[1]20 世纪 90 年代，社会心理学家对自我耗竭进行了测试。2010 年，研究人员对 83 项研究进行了荟萃分析，他们发现自我耗竭对自我控制和任务表现产生了显著的影响。[2]

一组研究人员还进行了一系列有趣的试验。他们将 67 名参与者集中在一个房间里，这里散发着新鲜出炉的巧克力饼干的味道。³桌子上摆着两碗食物：一碗是新烘焙的饼干，另一碗是红白相间的萝卜。参与者们以为自己是在进行食物品尝试验。一组参与者被要求吃两块到三块饼干，另一组参与者则被要求吃两块到三块萝卜；除了指定的食物，他们不允许吃其他任何东西。随后，研究人员暂时离开房间，这自然增加了吃萝卜者伸手偷拿饼干的诱惑。一部分人眼巴巴地盯着碗里的饼干，有时候甚至忍不住拿起一块闻了闻。但他们的意志力最终抵挡住了诱惑。而吃饼干的一组则非常享受饼干的美味，他们并没有表现出受到了萝卜的诱惑。

研究人员随后又给参与者布置了第二项任务，据称这与之前的任务毫不相干，这似乎是个逻辑难题，参与者们需要在纸上一笔画出复杂的几何图形。参与者们不知道的是这个难题根本是无解的，因为压根儿就不可能做到。其实，研究人员只是想看看面对困难任务时每组参与者究竟分别能坚持多久。结果显示，自我耗竭的影响是立竿见影的且无可争辩的。对这个无解的游戏，吃饼干组平均坚持了19分钟，是吃萝卜组花费时间的2倍多，而吃萝卜组平均只坚持了8分钟。吃萝卜的参与者为了抵制饼干的诱惑并强迫自己吃生萝卜，已经耗尽了自控力，以至于无法再全身心投入到另一项艰巨的任务中去，他们已经精疲力竭。

这项研究的关键发现是心理学领域的一大突破：自控力

是一种可以运用于所有任务的通用力量并且会耗尽。这说明自我调节不是一种可以掌握的技能，也不是可以不计后果随便使用的机械功能。它像使用肌肉一样——我们在运动之后，肌肉会变得无力和疲劳，无法再使上劲儿，至少短时间内是这样。这项研究成果还为至少1280项其他研究奠定了基础，这些研究涉及从消费行为到犯罪行为的方方面面。例如，它有助于说明人们为什么会被积极的能量或信息所激励，也能解释人们为什么失恋后更容易选择购物治疗，为什么忙碌了一天后会吃得更多。

另一项研究则是将参与者分成两组安排在不同的房间。第一组所在房间放置着一排排摆满甜品的桌子，第二组所在的房间也摆了一些甜品但远不及第一组的多。两组参与者都被要求在一段时间内不准吃甜品，直到研究人员允许他们尽情地吃，才让他们脱离苦海。两组参与者都花费了时间抵制美味，最后的结果是第一组拥有很多甜品，因而诱惑太大，所以他们吃掉的甜品比第二组多出很多；第二组没有多少甜品，因而诱惑不大，所以他们也不需要使用多少自控力。[4]

回想我十几岁时节食的那些日子，我才发现自己与这种现象有着很深的渊源。我越是限制自己只能吃"被允许的"食物，就越是想方设法吃那些需要避开的食物，这种情况一直持续到我二十几岁，这让我看起来像个假营养师。我一面建议人们要如何均衡饮食不能放纵自己随便吃，一面却在从诊所开车回家的路上大吃特吃薯片和巧克力。我拼命想要多加控制自己的饮食，然而我越努力就越失败。我不只是时不时地被小障碍绊倒——不是的，我感觉自己一头栽进了无底的单向黑洞。深深的挫败感向我袭来，我失去了自信，也在很多方面丧失了爱自己的能力。我没有意识到正是我对食物的限制导致了自我破坏的循环，反而责怪自己没有足够的自控力。我总是在重蹈覆辙，总是想等待新的一周再开始自己的节食计划，而那也不过是新增了一批被限制的食物罢了。节食的核心是限制性饮食，难怪大多数通过节食减肥的人的体重都会反弹。

禁果效应

在心理学上，禁果效应指的是这样一种体验：我们越是禁止的东西就越令人向往。禁果效应一词通常运用于消费行为中，当某样东西越被限制或禁止时，我们就越想得到它，从而使商品产生出一种令人兴奋和刺激的感觉。

有这样几个心理因素导致了禁果效应的产生，包括稀缺心态、好奇心、叛逆心理和对禁忌的渴望，当然还有自我耗竭。在很多时候，禁果效应都可以被视作自我耗竭的一种表现形式，当我们在某个方面耗尽了自控力，最终就会屈服于诱惑，沉迷于我们试图抵制的一切。我们不会因为自控力耗尽就过度迷恋西兰花或羽衣甘蓝，我们只会沉迷于巧克力、薯片、奶酪、葡萄酒或其他诱人的食物。这并不是说为了防止自控力被耗尽我们就要对所有的诱惑来者不拒，而是说要管理好自我控制水平，将自控力运用于真正重要的且与我们的价值观和目标实现相一致的事情上。

自控力耗竭

除了抵挡饼干的诱惑，我们的自控力还可能在别的其他很多方面被耗尽。例如，发挥主观能动性、长时间专注、承受压力、疲劳、倦怠、失眠、控制热量、低血糖、经历焦虑或抑郁等负面情绪，以及做出太多的决定等。所有这些因素都呈现出一个特点，那就是克服这些需要我们付出一定程度的努力。

难怪夜班工人被报告注意力不集中的次数是正常工作制下的两倍，而出错的概率增加了 36%。[5] SleepFoundation.org 网站的一项研究发现，员工处在疲惫状态下对危险情况做出反应的时间会变长。在职业环境中，反应迟钝可能意味着错过一个重要电话或者在谈判中无法迅速做出回应。而对于医生、急救人员和货车司机等其他专业人员来说，反应迟钝则可能是生死攸关的事情。睡眠不足也会使人变得烦躁、易怒和受到压力的影响。在紧张或消极状态下，疲惫之人的情绪反应会进一步加剧，导致其暴饮暴食或更加易怒。他们的这些过激反应都是自控力变弱的表现。

在从事行为改变方面的工作中，我经常听到有人说，人们不愿意做出改变是因为懒惰。但我认为，所谓懒惰恰恰是自我控制能力耗尽的表现。当我们想让生活做出改变时，我们就不得不做一些不同以往的、新颖的、陌生的事情。如果我们因循守旧，那么我们只能得到一成不变的结果。因此，改变需要我们用不同的方式取代自己熟悉的、令人舒适的行为，这就需要自我控制。因为我们无法再通过有效的、无意识的神经通路采取行动，而是需要在大脑中建立新的神经连接。我们这是在教会自己的身体以不同的方式对旧习惯的触机做出反应。这时候，我们使用的是大脑的反思系统而非冲动系统，因此就需要付出努力。

以你早上的作息安排为例。你已经建立了一套起床、洗澡、刷牙、穿衣服的系统并执行了很长时间，它们已经变成了毫不费力的潜意识行为。现在设想一下，你必须彻底改变这一作息习惯。你也许能成功应对挑战，但这需要很强的自控力。以前原本可以自动执行的每个动作，现在都需要你主动进行思考，这将使人精疲力竭。那些你以为是懒惰所致的行为其实是因为自控力耗竭。改变令我们疲惫不堪。自我耗竭已被证明与较少进行体育运动和不健康饮食密不可分，也与减少酒精摄入量和戒烟成功率低相关。[6]

在一项研究中，128 名大学生被随机分成两组，即自我耗竭组和对照组。对照组被要求将生物课本上指定的一页文本上所有的字母 e 划掉。自我耗竭组则被指定了两页文本，其中第一页的要求与对照组完全相同，然而第二页的要求则复杂得多："划掉所有的字母 e，但这些字母 e 必须与另一个元音相邻，或者与另一个元音间相隔一个字母。"一想到这个任务我就头大！结果是对照组完成任务花了约 5 分钟，而自我耗竭组则用了约 15 分钟。随后，研究人员向两组大学生展示了一系列健康和不健康的食物。自我耗竭组对不健康食物的反应就比对健康食物的反应快。而对照组由于自控力还没有耗尽，因而对两类食物的反应并无差异。此项研究表明，即使我们有吃健康食物的愿望，当自控力资源耗尽时我们就会倾向于吃不健康食物，因为我们没有那么多意志力可以帮自己做出有利于健康的选择。[7]你不是败给了懒惰，你只是自控力耗竭。

你不是败给了懒惰，你只是自控
力耗竭。

我们每天都会用到自控力资源。从简单乏味到复杂费力的事——包括坚持完成耗时又无聊的任务，例如文件归档、数据录入、处理难缠的客户等；应对挫折，当我们面临时间压力（例如截止日期快到）时，这种挫折感就会加剧；抵制诱惑、防止暴饮暴食、下意识浏览手机、吸烟或酗酒等。任何需要我们走阻力最小的道路的情况都会消耗自控力。

一些时候，我们需要审慎考虑和评估所有给定选项才能做出决定例如在申请付款时要查看相关条款。另一些时候，我们则需要根据自己的判断做决策，避免购买那些自己确实很想要（但毫无疑问没什么用）的东西，例如新的环绕立体声系统。这两种情况都需要消耗脑力，而脑力是会耗竭的。在考虑了如何选择和避免消费入坑之后，你还是不由自主地无视预算大肆挥霍。因为我们的自控力是有限的，它终将被耗尽。

慢性自我耗竭是指一种长期自我耗竭状态，这通常发生在需要长时间做出努力的人身上。例如，长期节食者、被慢性病痛缠身者，或者患有严重考试焦虑症的人。一项实验研究通过让参与者完成一份问卷调查的方式来测量他们内在的自我耗竭状态。[8] 然后，研究人员让参与者从减肥、减少上网时间等任务选项中随意选择一个并坚持三周。实验结果显示，与慢性自我耗竭程度较低的人相比，慢性自我耗竭程度较高的人要付出更大的努力才能实现目标。研究人员由此得出结论，长期的自我耗竭会增加我们调节行为失败的可能性，这表明处于自我损耗状态的人很难坚持自己的目标。

因此，想让生活做出积极改变，与其试图在自我耗竭的困难状态下对生活做出积极的改变，不如把精力转向首先补充自控力上来，这样我们才会拥有能量、动力和专注力去追逐自己想要的结果。否则，我们的所有努力都将徒劳无功。

提高自控力

有效的自我调节会在很多方面带来积极影响。例如，取得学业和事业的成功，拥有良好的人际关系，促进身心健康，增强处理生活问题的能力，减少毒品和犯罪等社会性危害。

尽管自控力是一种可耗竭资源，但可喜的是，我们可以通过采取一系列行动来补充其库存。已耗尽的自控力对我们毫无用处，但重新得到补充的自控力却可以成为我们的超能力。这是一项很重要却经常被忽略的战略性变革。

我们知道，自控力是因为努力才消耗掉的，一切跟努力相反的事物都可以补充自控力，例如休息、睡觉、冥想、每天保持间歇性活动、感受幸福和快乐等积极情绪、欣赏自然风光、提高血糖水平。[9]我们采取的任何减轻压力的行为都可以治愈精神疲劳，并进一步增强我们进行自我控制的能力。

> 已耗尽的自控力对我们毫无用处，
> 但重新得到补充的自控力却可以
> 成为我们的超能力。

事实上，你可以采取以下方法来提高你的自控力：

• **休息**：放慢脚步，读一本书，花点时间深呼吸，让自己沉浸在大自然中。

• **睡觉**：创建规律的睡眠时间表，确保每晚睡 7~9 小时。

• **冥想**：试试 Headspace 或 Calm 等应用程序，让它们帮助你抽空冥想以保持内心的宁静。

- **暂停**：每工作 1 小时休息 10 分钟，让你的大脑歇一会儿，这将有助于你从精神疲惫中恢复。不要沉迷于刷手机，让你的大脑得到真正的放松——出去散散步或者听听喜欢的音乐。

- **感受积极的情绪**：与你爱的人共度时光，看一段有趣的视频，拥抱你的宠物，尽你所能地让大脑恢复活力。

- **欣赏自然风光**：研究表明，欣赏自然风光和美景有助于缓解压力、改善情绪、集中注意力和提升专注度，进而提高自控力。[10] 此外，多亲近自然已被证明会对自我控制能力产生积极影响，这或许源自体育运动和接触大自然共同作用带来的舒缓效应。如果你的家或工作单位周围有树木或风景如画的水体，不妨出去走走，在公园里或沙滩上坐一坐，也可以在附近散散步。

- **提高血糖水平**：人体能量的 20% 是由大脑消耗掉的，这些能量主要来源于葡萄糖，而葡萄糖由碳水化合物提供，因此我们的大脑需要依靠碳水化合物才能发挥作用从而提高自控力。如果你感到精神疲惫，可以吃一些含天然糖分的水果，或者糙米、全麦面包、燕麦等全谷物食品，或者土豆、防风草、甜菜根和玉米等淀粉类蔬菜。

- **改变心态**：当面对潜在压力时，我们如何看待所经历的一切——我们的视角——会放大或减轻这种压力。你是专注于一天中糟糕的一面，还是将它看作你伟大人生旅程中的一个小小的低谷或者一次成长的经历？在你无法改变现状时，这将令你极大地释放压力并创造更加积极的人生。研究表明，以积极乐观的心态看待压力的人，其压力水平会更低，他们在面对压力时能更好地保持自控力。[11] 相反，那些视压力为威胁或经历负面情绪的人则更难进行自我控制。改变你的心态就是改变你的人生。当你面对压力时保持成长心态，将压力视作你成长和进步的机会将有助于提高你的自控力。认识到压力可能带来的负面结果与自己并无多少关联也是一个有用的策略。试着问自己，这些造成压力的因素会在5年或10年内影响到你的生活吗？大多数情况下答案是否定的，当我们明白带给自己压力的一切都只是暂时的，一切终将过去，我们就会如释重负。

在工作时间，除睡觉以外的事你都可以做。你可以适当放松一下，冥想一会儿，或者给自己按下10分钟的暂停键。我建议你设置一下闹钟，这样就不用太过分心，如果需要休息更长时间也没问题，因为当你处于放松状态时，工作效率要比处于压力和消耗状态高得多。

我经常被问："如果自我控制像肌肉，那么你能增强它吗？"答案是肯定的。跟强化肌肉一样，我们可以通过频繁做某事训练自己减少针对同一任务的自我调节。当我们有规律地对需要自我控制的任务加以训练时我们就会减少自我耗竭效应，就像锻炼能增强肌肉耐力和力量一样。我们还可以通过压力管理并依靠心态和信念来提高自控力，这些都已被证明对意志力的形成发挥着重要作用。[12]

身体控制思想

在第 10 章中，我们将了解到压力是如何影响我们养成新习惯和改掉旧习惯的。提前剧透一下：我们感受到的负面压力越大，自控力就越弱。压力会导致自我耗竭，自我耗竭又会让改变变得更加困难。因此，在我们追求习惯改变和生活改善的过程中，学会管理负面压力并在大脑中重新定义它就至关重要。我们的心态很关键，因为它影响着我们的生理机能——我们的身体如何运转。压力会对我们造成什么样的影响取决于我们如何看待压力。

我们大多数人都认为压力是不好的，因而总是想方设法地逃避压力，但如果它对你是有利的呢？如果你能将自己大脑和身体中奔涌的所有能量都为你所用呢？

压力管理是一件非常个性化的事——对一个人起作用的方法对他人却未必有效。相同的一点是，我们的身体都承受着压力和紧张，身体又控制着思想。在你发现自己紧握双手、感到胃不舒服或者脖子和肩膀紧绷之前，你可能根本没有察觉到压力。我的压力通常表现在下巴上，当我感觉到压力时就会咬紧牙关，而我通常只有在发现下巴肌肉紧张时才能意识到压力的存在。

觉察你的身体

释放压力的第一步是意识到你的压力有多大。为了有效地做到这一点，你需要对自己的身体和呼吸保持觉察。你的身体感觉如何？你是否感到紧张？你的肌肉是紧绷还是放松？你的心跳加速了吗？你的呼吸是否过浅？研究表明，专注我们的身体并让思绪回到当下能显著减少我们自身的压力、焦虑、自我暗示和对自己的负面想法。[13]

现在试着有意识地觉察你的身体。将你的注意力从紧张的想法（活跃在你大脑中被称作杏仁核的区域）转向更具体验性的想法（位于大脑中被称作体感皮层的区域，来自身体的感觉信息会在这里被加工处理）。

我在暴露治疗期间练习过很多次这种方法。我的心理医生让我回想创伤的诱因——例如咖啡的味道。这会使我处于恐惧症发作的边缘，但她会引导我停止思考并且把注意力集中到身体的感觉上来。我感觉到自己胃部紧缩、心跳加速、双眼瞪大、手掌冒汗。当我继续专注于身体的感觉时，我发现这些生理上的症状已经慢慢消失。第一次我花了 15 分钟才从中焦虑状态中缓和过来，第二次花了 10 分钟，然后是 5 分钟，直到最后我可以在几秒钟内就将压力从身体里排出并获得松弛感。这种方法我屡试不爽。

有意识地觉察你的身体不仅仅适用于管理创伤性诱因和治疗恐惧症。对食欲亢进者的研究表明，如果他们能有意识地觉察自己，就能大大降低对食物的渴望——众所周知这是很难做到的。而我坚信，只要保持对身体的觉察，每个人都能从中获益，每个人都能重回当下，活在当下。

深呼吸

深呼吸是缓解压力和焦虑最立竿见影的方法，因为深呼吸能直接激活神经系统中自带的减压区域，即副交感神经系统。缓慢地呼吸是在告诉身体我们不再需要消耗能量去奔跑和战斗。呼吸的技巧有很多种，但你不必搞得那么复杂——让你的呼吸尽可能地深入腹部，你只要感觉到舒服就行，不必强求。坚持 5 分钟，试着用鼻子轻轻吸气，再用嘴慢慢呼气。有些人认为边呼吸边数数效果会更好。

神经科学家建议采用盒式呼吸法，即缓慢吸气 4 秒，保

持在胸腔顶部 4 秒，深呼气 4 秒，保持在胸腔底部 4 秒。简
而言之，这个方法就是吸气再憋气，然后呼气再憋气。你随
时随地都可以操作，所以说这是可以融入你日常生活的一个
很好的习惯。无论你是站着、坐着还是躺着都可以做。呼吸
法也是僧侣和现代禅修者缓解负面压力的常用做法。

运动

运动也是一种强有力的方式，它能为你改善自己的情绪
注入积极能量。运动的好处主要表现在两个方面。首先，它
帮助我们将注意力从头脑的想法转移到身体的感觉上来。运
动的作用也是将我们的注意力从杏仁核转移到体感皮层——
换句话说，从处理恐惧和威胁转移到体验身体感觉。例如，
触摸、体位、压力和温度等。其次，身体每次运动，大脑
就会释放出一系列有益的神经化学物质，包括多巴胺、血清
素、去甲肾上腺素（又名降肾上腺素）和内啡呔，这些物质
都能增强积极情绪状态，缓解负面情绪状态。运动就像给你
的大脑一个拥抱。研究表明，步行 10 分钟就能达到改善情
绪的效果。[14] 如果你在工作场所，可以绕着工作区走上一小
段路或者爬爬楼梯；要是在家中，你可以播放两首自己最喜
欢的歌曲并在客厅里跳跳舞。在运动方式上你可以尽情发挥

你的创意。我曾经让客户选择玩 10 分钟的呼啦圈，其他人则找机会遛狗或用吸尘器清扫房间。无论采取哪种方式，只要动起来，哪怕 10 分钟也能帮助你减轻压力，让你的焦虑感不再那么强烈。

有人认为换个环境也是减轻压力的有效途径，这不仅影响我们的行为，也影响我们的思想。因此，改变环境会对改变我们的想法产生重大影响。你可以找一个舒适的地方，置身大自然，和你的宠物待在一起，欣赏令人愉悦的图片，或者听听能抚慰你心灵的音乐。找到一个属于自己的安全区，只要几分钟，它就能对减缓压力和转换你的思维空间产生奇妙的效果。

自我控制与习惯

由于我们的动机水平和自我控制能力每天甚至每时每刻都在变化，我们的目标是尽量减少对自控力的依赖。为此，我们需要依靠习惯，因为习惯一旦养成就不再需要进行自我控制。习惯是由大脑的冲动系统控制的，而冲动系统只需要消耗很少的脑力。这就是为什么当我们自我耗竭时或者动力被引向别处时，我们往往会回到习惯状态。

刚开始养成一个新习惯时，我们需要使用自我控制力，而习惯一旦变得自动化，即使我们处于疲劳状态，这种习惯性行为也会自动发生。因此，要想取得长期成果和实现我们的目标，我们就要依靠习惯而不是自控力。

小 结

- 进行自我控制就像肌肉一样：你使用得越多，它就越容易疲劳。
- 自控力是一种通用资源。
- 自我控制能力的耗尽现象被称作自我耗竭。
- 消耗自控力的因素包括发挥主观能动性、长时间专注、承受压力、疲劳、倦怠、失眠、控制热量、低血糖、经历焦虑或抑郁等负面情绪，以及做出太多的决定等。
- 提高自控力的方法包括休息、睡觉、冥想、暂停、感受积极情绪、欣赏自然风光、提高血糖水平和改变心态。
- 习惯的运作不需要自控力。
- 要想取得长期成果和实现我们的目标，我们就要依靠习惯而不是自控力。

活 动

提高你的自控力

以表 9-1 作为模板，针对每个需要补充自控力的项目，在笔记本或日志簿上记下你准备实施或改进的方法。

表 9-1　个体补充自控力的方法

补充自控力的方法	我的承诺
为了改善我的休息，我会……	
为了改善我的睡眠，我会……	
我想腾出空间来冥想，这时候……	
我想定时休息一下，这时候……	
为了感受积极的情绪，我会……	
为了欣赏自然风光，我会……	
为了提高我的血糖水平，我会……	

第 10 章
改变习惯需要多长时间

人们最常问我的一个问题是改变习惯究竟需要多长时间。我喜欢的回答之一是不要神话时间表。所谓 21 天养成或改变一个习惯的观点像五色彩纸一样在互联网上满天飞，也充斥在很多励志演讲、励志名言和自救建议中。尽管这很受欢迎，但 21 天改变习惯的说法却没有任何科学依据支撑——它只是一个流传已久的神话而已。这种说法的起源无据可考，但这一想法最初是由 20 世纪 60 年代一位名叫麦克斯威尔·马尔茨的整形外科医生推广开来的，他宣称他的病人需要 21 天来适应面部手术后的变化。马尔茨在他的《心理控制术：改变自我意象，改变你的人生》一书中还写道："至于其他的变化，也需要我们用大约 21 天时间来适应一个'新家'"。[1]

人们以为如果需要 21 天才能改变大脑对事物的认知，那么神经可塑性的形成也需要 21 天，因而就认为 21 天可以改变一个习惯。然而，从来没有任何研究支持这一说法，相反，这一观点的谬误早已被许多研究揭穿。

养成一个习惯到底需要多长时间

我们中的大多人都觉得做出改变相对容易而坚持下去则显然要困难得多。一些人可能足够幸运既能做出改变又能坚持下去，但大多数人都需要不断尝试。可喜的是，科学证明我们最终都会成功。

据目前的估计，改变一个习惯需要 66 天。这一数字通常被认为是基于英国伦敦大学学院的一项研究。[2] 研究人员招募了 96 名参与者，并让他们选择一种可以每天坚持做并希望将其转变成习惯的行为。这些事情必须是他们从未做过的，于是参与者们选择了吃一块水果、午餐时喝一杯水或早上做 50 个仰卧起坐等诸如此类的事。研究人员要求参与者们在 84 天内每天坚持执行这些行为，并用习惯追踪器追踪进展情况。

将行为转变成习惯所花的时间因人而异，也因其选择的行为不同而呈现出多样性。一些参与者在短短 18 天内就养成了习惯，而另一些参与者却需要 254 天（8 个多月）。参与者将他们所选择养成的习惯变得自动化平均用时 66 天。因此，我们可以得出结论，养成一个新习惯平均需要 66 天。

如果将 66 天或者说 10 周左右这个时间概念刻在脑海里，

我就更有可能坚持练习这个习惯，并至少在这段时间内跟踪我的进展情况。10 周后，我希望这个习惯已经达到自动化并融入了我的生活。即使还没有，至少我已经走在实现目标的路上。

习惯养成时间长短的影响因素

改变一个习惯需要的时间长短取决于诸多因素，包括个体的习惯性强度、执行习惯的一致性、习惯的复杂性、你的动机水平、你所处的环境、习惯的奖赏价值、你感受到的压力等。了解这些影响因素可以帮助你更快地改变习惯并提高成功率。那就让我们来了解一些关键事项吧。

个体的习惯强度

我们中的一些人天生比其他的人习惯性更强。有些人喜欢结构性和规律性的生活，而另一些人更喜欢随性和灵活的生活。

具有讽刺意味的是，尽管我是一个习惯学方面的研究者，我却生来就不是个习惯性强的人。最近有朋友问我周日通常都做什么，我绞尽脑汁寻找答案因为我的周日压根儿就没什么例行活动——每个周日似乎都不一样。我有时会去农贸市场，有时去海滩，有时远足，有时跟朋友聚会；有时候，我上午和家人待在一起，下午又搞起了烘焙。我没有什么"通常的"日程安排。事实上，被严格的日程束缚会令我感到窒息。我更看重的是随性和灵活性，从不让两天的日子过得一模一样。这大概就是我不从事全日制工作的原因吧——我也会全天候工作，但却不在同一个地方。我无法告诉你明天早餐吃什么，我只能说它不会和今天一样（你要是真想知道，大概是自制麦片吧）；再有可能就是我自己也只有在准备早餐前才知道要吃什么。我会定期去健身房，但并不固定在每周的同一天，每次也喜欢做不同的运动。我更爱去不同的地方度假，去不同的餐馆品尝美食，即使体验不如老地方那么好我也愿意尝试。

　　我做事总是不拘一格，酷爱待在新颖别致的环境里。我也会制订计划，但这计划每天都不同。就像写作此书的那些日子，有时候我早上醒来就先写上几个小时，有时下午才开始，有时则在两个任务之间插空进行。一些日子每天写一个小时，另一些日子却整天都在电脑前不停地打字。我甚至会不按顺序修剪草坪和使用吸尘器——这让我的先生米奇很是害怕。

　　米奇偏爱结构性和规律性的生活。他修剪过的草坪会呈现出一条完美的直线，而我修剪过的则活像麦田怪圈。从我们相遇的那天起，米奇每天都吃同样的午餐和晚餐。他早上起床后的第一件事是进行冰浴，下午遛狗前蒸个桑拿。这些事情都安排在每天的同一时间进行且天天如此。他的行为是可预测的、系统化的和习惯性的。我要是拌沙拉时没加胡萝卜，米奇就会认为我们一定是没有胡萝卜了，因为胡萝卜是他做沙拉时必选的配料。

天生习惯性强的人可能会比灵活性强的人更快地养成习惯。这并不是说灵活性强的人更难养成习惯，而是说他们需要重复更多次才能让习惯真正达到自动化水平。当然这只是轶事证据，在我们家，米奇养成习惯比我快，而我改变习惯却比他快。重要的一点是，我们都能非常成功地养成新习惯和改掉旧习惯。我希望不久的将来我们能进行测试性格类型和养成习惯倾向的实证研究，以便揭示什么性格的人更容易养成习惯或最快且成功地改变习惯。倘或如此，这将成为习惯科学领域的一大突破，因为弄清楚了这一点，我们就可以根据每个人的性格类型量身定制改变习惯的计划。这是多么美好的梦想啊！

有证据显示，与天生自制力就弱的人相比，具有天然自制力的人更有可能养成和保持健康的习惯。那些具有高度责任感的人——以有组织、负责任、高效率、可依赖为特征——随着时间的推移，更有可能养成习惯并保持下去。但自制力和责任感是可以后天培养的个性特征，而非与生俱来且不可改变的性情和气质。

在我们展开更多研究之前，大家可以简单反思一下，你是否属于习惯性强的人？你喜欢秩序、可预见性和结构吗？你的每个周日都有固定日程吗？你每天吃同样的早餐吗？你会选择走相同的路线吗？你能很好地控制冲动吗？你更喜欢稳妥还是更愿意冒险呢？你能适应不确定性吗？你乐于接受改变吗？

一致性

我想说改变习惯的秘诀是保持一致性。可以把达到自动化想象成往罐子里装水——当水位达到罐子顶部时我们就实现了自动化。当你在一致的环境中不断重复某种行为时，每重复一次就相当于往罐子里加一滴水。你重复的次数越多，往罐子里加的水也越多，直到把罐子装满，你的习惯就达到了自动化程度。

习惯的养成并非线性过程。虽然行为的自动化程度会随着我们的不断重复而与日俱增，但在习惯的养成过程中，早期的重复似乎与后期的重复更有助于提高行为的自动化水平。对行为的第 444 次重复起到的习惯强化作用根本无法与第 4 次重复同日而语。[3] 因此，在养成习惯的早期阶段保持行为的一致性尤为重要，因为这恰是能创造许多奇迹的时候。如果不能保持足够的一致性，行为将仅止于行为而永远无法达到习惯状态。要想让大脑真正将习惯固化为新常态，我们需要在每次遇到触发因素时都始终如一地执行该习惯。习惯的自动化程度一旦达到顶峰就会进入停滞期，即使进一步重复该行为，其自动化水平也不可能再提高。因此，一定要坚持不懈，直到行为变得自动化和习惯性。

业余爱好者的练习是直到做对为止，专业人士的练习要熟练到不出错为止。

错过的练习机会

这让我想到如果你错过了一天没有练习自己的习惯会发生什么呢。假设你一直在坚持养成某种习惯，生活却给你制造意外情况让你错失了一次练习机会。研究人员对错过一天练习机会的参与者进行测试，他们发现在错过一天后这些参与者正在养成的习惯的强度得分只有微弱的下降，而一旦回归正常练习，习惯强度得分就会再次反弹。[4] 第二天，习惯强度得分就与错过的一天之前的分值没有明显区别，错过一天对习惯的自动化并不会造成长期影响。换句话说，希望还在。尽管重复行为对习惯的养成至关重要，但错过一些练习机会对整个过程而言并无大碍。

话虽如此，要是错过一整周或者更长时间其产生的后果就值得注意了。这可能会减少未来执行该习惯的可能性，并且阻碍习惯的养成。在养成习惯的过程中，你不可避免地要休息，还可能会忘记。错过一两天是无关紧要的，但要确保尽快回到正轨并重新保持一致性。特定行为的复杂程度影响着自动化的发展及强度。与更困难和复杂的动作（如做 50个仰卧起坐）相比，更简单容易的动作（如喝一杯水）能更快达到自动化。我们可以认为水通常是无处不在的，因而它触手可及，并且喝一杯水既不费时也不费力，但做仰卧起坐可能就会受到我们所处的位置和着装的限制。例如，我很难想象在飞机上或者在餐馆里做仰卧起坐是什么感觉。而喝一杯水就不必像做 50 个仰卧起坐那样需要考虑太多。

与复杂的行为相比，我们更有可能对简单的行为保持一致性。一项研究对此理论进行了测试，结果发现，参与者在93% 的时间里能坚持喝一杯水，而坚持吃一块水果或进行某种体育运动（如锻炼 15 分钟或做 50 个仰卧起坐）的时间占比仅分别为 80% 和 86%。[5] 运动组的参与者比喝水组的参与者多花了 1.5 倍的时间才达到自动化状态。这进一步支撑了养成微习惯的观点，而不是追求大的、复杂的目标的观点。
帮助你实现目标的是一致性，而不是强度。

> 我们更有可能对简单的行为保持
> 一致性。

奖赏价值

记得有一次我立下新年决心要开始写"感恩日记"。因
为我读到过一篇文章说感恩与幸福感的提升有关，所以我就
想试试。我发现自己真的很难找到动力每天坐下来写三件需
要感恩的事。我宁可做些毫无意义的事来拖延或者干脆推到
第二天。这不是因为我不懂感恩。我懂。我只是还没有充分
体验到这种感恩练习带来的奖赏和回报。几个月后，我偶然
看到一份研究报告详细介绍了练习感恩带来的全部好处——
例如缓解抑郁、焦虑和压力症状，获得更大的满足感和成就
感，改善睡眠，降低血压，减少炎症，等等。练习感恩让我
减少了炎症、提高了睡眠质量，这是我很看重的结果。这篇
文章就像一个能燃起人斗志的小精灵，给了我一记响亮的耳
光，自从读到它，我缺乏动力练习感恩的状态全部消失，并

且我还养成了毫不费力就能每天坚持写"感恩日记"的习惯。

感知到的奖赏价值越大，习惯养成的速度就越快，习惯的力量也越强。当行为被积极的奖赏强化时——例如，感觉更强壮、睡眠质量更好、注意到自己身体的变化或拥有更加积极健康的心态——习惯就会变得更坚固。你对特定行为的奖赏价值重视程度有多高，你重复该行为的可能性就有多大。因此，重要的是真正审视自己，反思新习惯究竟会给你的生活带来什么益处。

奖赏预测误差

奖赏能促进学习。巴甫洛夫的狗一听到铃声、看到食物就会流口水。当这种效果经常被诱发时，狗只要听到铃声就会流口水。早在 20 世纪 70 年代就有数学公式描述过这种强化学习。

大脑决定并存储这种奖赏价值。奖赏预测误差是一种与奖励和惩罚相关联的多巴胺信号。当我们实际获得的奖赏与期望值之间存在差异时，奖赏预测误差就产生了。这在预测包括习惯的养成等各种学习方式中起着关键作用，即便不能预测全部，也能预测大多数，因为它对带来积极效果的行为具有强化作用。[6]

如果我们从某种行为中获得超预期的奖赏，那么就会导致正向的预测误差产生，从而强化这种行为并使我们在将来重复该行为的可能性增大。相反，如果我们实际获得的奖赏低于预期，那么就会导致负向的预测误差产生，从而降低我们在未来重复该行为的可能性。

举个例子，你想吃得更健康并减轻体重，于是你决定午餐改吃沙拉而不再像往常一样吃火腿芝士牛角包。你是真的爱吃火腿芝士牛角包，而恰恰你去的面包店又做得实在好吃，自然你就会犹豫要不要点沙拉。但为了健康起见你还是选择了沙拉。结果沙拉的美味却大大出乎你的意料，让你感到心满意足。在这种情况下，你实际获得的奖赏远远超过你的预期，产生的就是正向预测误差。于是它便会强化你的行为，并让你更有可能在将来继续选择沙拉作为午餐。

相反，假设你决定午餐吃沙拉并期待你这个基于健康考虑的选择能带给你不错的体验，结果你却发现沙拉并不合你的胃口，你依然很饿也没有获得满足感。在这种情况下，你的预期奖赏是从健康选择中获得满足，但实际获得的奖赏却远低于你的预期，于是便产生了负向预测误差。这导致你将来不大可能再次选择沙拉作为午餐。

美国的一项重要研究证实了这一点。研究人员让参与者将他们最爱的奶油蛋糕、薯片和含糖饮料等超加工食物带到实验室。据参与者描述，面对这些食物时他们完全没有抵抗力。他们认为自己之所以对这些食物产生渴望，是因为这些食物既味道好又让人开心，毫无疑问，这是食品营销宣传灌输给他们的想法，让他们觉得自己吃了或喝了这些食物就会感觉快乐和心满意足。随后，研究人员要求参与者慢慢品尝他们的美食和饮料，真正关注食物本身的味道和从中获得的满足感。[7]

有趣的是，几乎在整个过程中参与者都反映他们的体验是令人失望的，这当然会导致他们再次吃这些食物的欲望大大降低。

同样的方法也被用于帮助吸烟者戒烟。[8]当吸烟者吸入含有尼古丁的烟气时，研究人员要求他们详细描述吸烟的滋味。有人形容吸烟的感觉像是舔食燃烧的报纸，也有人认为像在吞食灰烬，甚至有人觉得像吸入轮胎烧焦的气味。参与者还反映吸烟让他们感觉头晕和咳嗽。几个月后，当研究人员继续跟进想看看这些参与者是否还在吸烟时，结果发现大部分参与者已经戒掉吸烟的习惯，主要是因为他们不喜欢香烟的味道。通常我们对事物的期待会驱动我们的行为，对于那些我们渴望的东西，通过降低其奖赏价值就能减弱大脑追求的动力。

我十几岁时的第一份工作是在一家冰激凌店打工。我喜欢吃冰激凌，每次轮班结束我都会吃掉"相当于自己体重的冰激凌"——我真的没给这家公司投资。我经常品尝各种口味的冰激凌，但最喜欢的是带有烤杏仁和浓香巧克力丝带的摩卡冰激凌。我痴迷于这种口味。我在那里工作的快乐的回忆之一，就是有位顾客订了一个我最爱的大大的摩卡冰激凌蛋糕却一直没来取，于是我就把它带回了家。下班后妈妈顺路来接我，我便在车上用小勺狼吞虎咽地吃掉了整块蛋糕。20 年后，这家店依然在售卖同样的冰激凌。前几天，我和几个朋友去店里点了一份来品尝，但味道却变了。巧克力丝带中的巧克力味淡了，冰激凌中的奶油少了，镶嵌在上面的烤杏仁也没有以前多了。配料改变了，我从冰激凌中获得的怀旧之情和对美味的憧憬也没有达到预期，我经历的便是负向预测误差。结果导致我将来不大可能再次选择这种口味，或者降低了我对这种口味的期望值。

　　我尝试过朋友选择的一种焦糖果仁味的冰激凌。我没想到它如此美味——怎么还有比巧克力更好吃的呢？但它的确美味可口又细腻丝滑。奶油冰激凌提供的奖赏价值超出了我的预期，产生正向预测误差。这使我将来更有可能尝试新的口味。我甚至从中体验到比之前更大的奖赏回报，因为它出乎意料。我以为我再不可能像喜欢曾经酷爱的冰激凌口味那样喜欢其他口味的冰激凌了，但我还是喜欢上了。

当我们遇到突如其来的好事，多巴胺神经元就会被激活。假设我突然拍一下你的肩膀并递给你一块糖，你的多巴胺神经元就会被糖激活。如果我继续拍你的肩膀并给你一块糖，你的多巴胺神经元就不再被糖激活，因为糖虽然是好东西，但它的到来已不再是意料之外的事。而你的多巴胺被激活的原因开始变成了对拍肩膀本身的期待，因为此时你已经能确切地预知到拍一下肩膀就意味着有糖吃（一件好事）。但你并不知道下一次拍肩膀在什么时候，因此拍肩膀就变成了突如其来的好事。

如果我只是拍你的肩膀却不给你糖，你的多巴胺神经元就会降到基准线以下，低于我开始拍你的肩膀之前的多巴胺水平。这种通过预测误差进行学习的过程是一种大脑促使我们的行为不断适应环境变化的关键机制。

你可能无法欺骗自己的大脑，让它认为做某件事的奖赏回报比实际低。因此，只要充分认识到奖赏预测误差的存在，并且不要对能从特定行为中获得的奖赏回报有过高的期待，就可以帮助你强化良好的习惯。

压力

你知道吗？当你收到老板的紧急邮件时，你就会开始手心冒汗，并且感觉胃里空空如也。要是你的脑细胞会说话，它们会说:"欢迎回来,压力和焦虑。"压力会对我们养成或改变习惯的能力产生巨大影响。一般来说,压力越大,我们会发现习惯养成起来就越难,改变起来也越难。我们在感受到压力的同时往往会重拾旧习。

压力是一种自然的生理和心理反应,它可以帮助我们处理困难、应对感知到的威胁和挑战。当我们感到力不从心时,或者当生活的需求超出我们的能力和资源范围时,压力就会产生。压力有好有坏,也有急性(突然的和短暂的)和慢性(长期的)之分。

能够成功应对压力和不确定性的人适应能力也更强。然而,当压力成为生活的阻碍时,压力本身也成了问题。我们生活中的大部分时间都在应对挑战,处理压力便是其中之一。因此,真正重要的不是什么导致了压力,而是我们该如何应对压力。

压力会消耗大量的能量,如果我们整天处于压力状态,就会感到精疲力竭,从而耗竭我们的自控力。因此,当我们进入自我耗竭状态时,行为的改变就会变得异常困难。任何能增加压力的事情都会降低我们的专注力。压力往往来自我们内心的想法,我们通过不断的思虑让压力在大脑中保持活跃状态。这种压力令人疲惫不堪。研究表明,慢性压力——无法获得轻松、快速解决的压力类型——不会产生太多的线粒体，这是细胞中一种产生能量的微小细胞器。[9]线粒体通常被称作"动力车间"，它们有助于将我们从食物中获得的能量转化为身体所需的能量。线粒体的产生与我们的思想和感受密切相关。一天中我们感受到的压力越大，我们拥有的能量就越少。为了缓解压力，我们应当每天练习专注于做好当下的事情。每天心怀感恩、乐观专注地入睡。我和米奇便是如此。对米奇来说，没有什么比我在睡觉前问他今天过得怎么样更令他抓狂的了。但米奇是个有雅量的人，我们会时常分享让我们感恩的事情来一起度过美好的时光（至少我很享受这样，米奇也乐意如此）。

全然接纳是另一项我们应当时常进行的重要练习。这并非指接受生活的压力，而是说当情势超出我们的掌控时要彻底接受。这也许是交通堵塞、天气变化、航班延误，或者他人的行为。关于全然接纳的重要性，《减压七处方：七天得到更多轻松、幸福与治愈》一书的作者艾丽莎·伊帕尔教授用类比的方式进行了阐释。[10]她说我们在为无法改变的事情烦恼时，就像在拉一根系在砖墙上的绳子。我们之所以如此是因为倍感压力并期待变化发生。但墙只会纹丝不动。我们不过是磨痛自己的手而已。她建议我们放开绳子给自己自由，去掌控那些我们可以掌控的事。

花点时间写下你生活中让你产生压力的情况，然后在你无法改变的事项上画个圈。只要认识到什么是无法改变的就会产生不可思议的力量，它能使我们放下包袱，把自己从被压力占据的巨大空间里解脱出来，给身心一些自由，让自己轻松自在一些。我们要放下控制，把我们的能力更多地用在管理自己能掌控的事情上。全然接纳是一种实践，但它不是一次性的练习。我们需要把它变成一种习惯、一种生活方式，并将其塑造成我们的一种身份。否则，我们大量宝贵的精神空间就会继续被这些无益的压力占据，而这些精神空间对于我们做出改变是十分重要和必要的。我们是无法与激流抗争的，我们需要学会放手并顺势而为。

重构压力

我想强调的一点是，绝非所有的压力都是有害的。有些压力能让我们焕发活力，带来动力和目标感，并提升我们的认知能力。我们在完全没有压力的情况下很难产生做事的热情和改变的欲望。设想一下狮子追逐斑马的场景。它们都感受到了压力，但二者身心承受的压力却完全不同。狮子因为马上就能享用一顿大餐而兴奋，它是充满活力的，同时也保持警觉并感受到一点点挑战。而斑马则不同，它正经历极大的恐惧，它的生命正受到威胁，被狮子追上会发生的事情令它感到害怕。

　　我们要清楚自己到底想成为狮子还是斑马。与其惧怕压力或者因为压力而感到焦虑不安，不如转换思维，把压力视作天赐的力量和动力，视作一种标志，证明我们正在做正确的事。当我们做自己很看重或令人兴奋的事情时，例如坐过山车、参加竞技比赛或者第一次约会，我们会因为焦虑而感到胃痛。而这种短暂的压力会激发我们的热情和动力，让我们集中精力并提升执行力。正是有了压力，我们才兴奋起来，并走出舒适区。研究表明，人们在积极乐观地看待压力时往往表现更佳，解决问题更高效，也就是说人们感受到的积极情绪越多，从压力状态下恢复过来的速度就越快。哈佛大学的一项以"把你胃里的情绪疙瘩变成蝴蝶结"为主题的研究，详细阐述了这一显著影响，[11] 一切都取决于看问题的视角。

　　因此，如何看待压力和管理压力将在很大程度上影响我们养成新习惯和改掉旧习惯的速度。你可以从上一章中找到一些压力管理的技巧，从而帮助你放松身心并提升神经可塑性。压力产生的影响解释了为什么要实现自动化，以及形成习惯的时间跨度如此之大，达到 18~254 天。而即使你和我在完全相同的时间里执行同一个习惯，我们能达到的自动化程度也不尽相同。可能你的习惯化水平比我高，执行习惯的持续性也更强。而我获得的奖赏价值却更大。这没有统一的标准，但现在你知道了习惯改变需要多长时间与受哪些因素的影响，就算耗费些时日，你也应该不会感到如此沮丧了吧。

加速习惯养成的进程

我们可以加速实现自动化的进程，因为习惯的强化是通过一致性、低复杂性、环境有利性（使用我们在第 4 章中提到的显著的、必然的和特定的触发因素）和正向影响（我们倾向于体验积极情绪，并用乐观的心态与他人互动和面对生活中的挑战）来实现的。那么你究竟是个乐观主义者还是个悲观主义者呢？

同理，如果你坚持不下去，或者试图养成一个非常复杂的习惯，你所处的环境不利于你养成习惯，你的心态也偏向消极，又或者你长期处于压力状态因而不断自我内耗，那么你想养成一个习惯就会变得极其困难，耗费的时间也会更长。

改变一个习惯需要多长时间

我也希望能够给出一个直截了当的回答，计算出一个确切的时间，希望有一天那些令人讨厌的习惯不再属于我们生活的一部分。要是真能那样，要打破它们就会容易得多。但是很遗憾，目前还没有实验证据显示打破一个习惯究竟需要多长时间。这个问题很难回答，因为我们拥有不同的习惯强度，将一个人的习惯与另一个人的习惯做比较，就像拿苹果和橘子做比较一样，根本没有可比性，这种比较也不可能公允、客观。

我在第 6 章中提到，在改变旧习惯的过程中大脑平均需要 30 天才能做出重要改变。因此，我们可以将 30 天作为习惯改变的基准时间，但习惯改变所需时间取决于好几个因素。例如，我们试图改掉的习惯本身、我们的决心和动机水平。习惯的改变同时还会受到习惯强度、我们所处的环境和社会支持力度，以及来自心理的和环境的内外部压力水平等诸多因素的影响。例如，打破一个已经根深蒂固且能带来丰厚奖赏回报的习惯可能比打破一个新养成的习惯更具挑战性。

归根结底，改掉一个习惯需要的是坚持不懈的努力，坚定的信心，保持好奇心，并善待自己，尝试新的方法，改变你所处的环境和生活日常。

坚持不懈是大多数成功变革故事的基础。一项关于吸烟者的研究表明，他们可能需要 6~30 次尝试才能最终戒烟。[12] 虽然如此多的尝试听起来令人沮丧，但重要的是保持清醒的认识，始终坚持下去。

影响习惯改变所需时间的因素

影响习惯改变所需时间的一些关键因素包括：

- **习惯有多强**：习惯越强，你重复得越多，从中获得的奖赏回报越大，你改掉它需要的时间就越长。

- **你对自己习惯的触机了解多少**：你是否会有这种情况，即当作到一半后才意识到自己在做什么？你对习惯的触机越了解，就越不可能去执行这些不良习惯，并且改变起来也越快。

- **你选择的替代习惯有多合适**：如果你想运用相同的触机和奖赏来重新编程一个习惯，而这个新的习惯并未带来多少实际的奖赏回报，那么你就很难改掉原有的习惯。例如，你想改变过度沉迷于社交媒体的习惯，你需要的奖赏回报是获得与他人的连接感。而如果你选择的替代习惯是读书，事实上你无法通过读书来获得这种连接感，于是你仍然会渴望不停地使用社交媒体。由此可见，你的替代习惯必须能满足你的需求和愿望。

- **你有多想改掉这个习惯**：你改掉不良习惯的目标越坚定、意图越强烈，这个习惯就会越快从你的生活中消失。怀着强烈的行动意图（正如你在第 5 章中做的那样）——创建"如果……那么……"或"当我……我将……"这样的触机 - 响应关联——并使用习惯追踪器。

- **你有多害怕改变**："预期性焦虑"可能会削弱改变的信念。[13] 在改变某种习惯（如吸烟）时，我们会预想并担心戒断症状出现，这时候预期性焦虑就会产生。预期的不安通常比实际体验的后果更严重，它会阻碍你在现实中所做的任何尝试。因此，与其关注自己戒掉烟酒或其他成瘾性行为后会失去什么，不如想想你能从中收获什么——例如改善健康状况、提高睡眠质量、延年益寿、攒更多的钱等。

好奇心与慈悲心

将一个习惯坚持下去的关键是你执行它时能从中获得奖赏。你之所以会不断重复那些不良习惯，是因为它能给你提供奖赏价值。焦虑时吃东西会让你心情变好——你的大脑知道这一点，并在你每次感到焦虑时都要提醒你吃东西。要打破这种循环并忽略奖赏反应，你需要对此保持觉知。当我们意识到自己能从不良习惯中获得什么奖赏时，我们就会发现，大多数时候它们并不能真正为我们服务。以情绪性进食为例，如果你在感到焦虑时吃东西，在吃东西的那一刻，咀嚼的动作和食物中的某些化合物的确能令你感觉稍微好一点，但这不会持续太久，很快焦虑就会卷土重来。如果你花点时间留意一下这种传导效应，你就会发现自己比之前更加焦虑了，那是因为内疚、羞愧、精神疲劳会加重这种焦虑感。

　　为了验证这一点，精神病学家和神经学家朱德森·布鲁尔对他的病人进行了测试，要求他们每次在冲动进食时都要保持好奇心，专注自己真正从暴饮暴食中获得了什么回报。[14]这样重复 10~15 次之后，他们能从暴饮暴食中获得的奖赏价值便降为负数，这意味着冲动进食再也无法提供任何奖赏。可见改变我们大脑的奖赏系统并不需要花费太多时间，仅仅是重复 10~15 次而已。大脑的适应能力很强，它通过这个奖赏系统不断学习和反学习，我们要做的就是保持专注。一直以来我们都受到以意志力为主导范式的困扰，事实上，我们只需要保持好奇心和觉知力，就能通过奖赏机制重塑大脑。一旦意识到某种行为无法提供奖赏价值，我们就不会再痴迷，无须逼迫自己也不用费太多意志力就能对此行为做出改变。

　　要运用好这种方法，首先要关注你的身体感受，想想焦虑带来的真实感觉是什么？你此刻是真的饿了还是为了抑制不舒服的情绪和感受？这种好奇心会帮助你重新认识你的身体，进而改变你的认知。一旦你习惯于专注自己的身体感受，在下次执行不良习惯时，你就只需要问问自己"我能从中得到什么？"或"这对我有什么好处？"。这种方法适用于从过度担忧到咬指甲或自我苛责等任何一种不良习惯。

　　然后，你可以问自己："我现在真正需要的是什么？"你是想休息，与他人建立连接感，还是要处理一件拖延已久的事情呢？回归自我，保持对自身的好奇心和慈悲心。在培养新习惯和改掉旧习惯的过程中，很重要的一点是要记住挫折在所难免，你要关注进步而不是苛求完美。

我曾与一位叫贝拉的客户合作，她有过度担忧的习惯。据她所说，这种无用的习惯盘踞在她的大脑中挥之不去。她担心给上学的孩子准备的午餐不够吃，担心自己和丈夫的工作没有保障，担心会突发自然灾害，她还担心和朋友外出时吃得太多，担心在社交场合说错话，担心自己的退休储蓄不够——尽管她和丈夫的财务状况很好，她甚至担心两个月后全家出游度假时会下雨。为这些事情未雨绸缪并非一定就是坏习惯——担忧本是平常生活的一部分——但如果不懂得正确管理，担忧就会肆意泛滥并令我们不堪重负，从而影响我们的正常生活，就像贝拉一样。

我让贝拉从留意她身体里担忧的感觉开始。她描述道，担忧让她肌肉紧张，尤其表现在颈部和肩部，同时让她心跳加速，呼吸变浅，胃里像打了个结。这是她第一次直面自己在担忧时身体里究竟发生了什么。她原以为担忧能减轻焦虑，现在她开始意识到事实上担忧会产生许多与焦虑相同的症状，这使她的焦虑变得更加严重。此时，贝拉的大脑开始重新设定担忧带来的奖赏价值，奖赏预测误值也由正转负。

对大脑而言。担忧的念头也不再那么有吸引力。

　　我问贝拉："担忧有用吗？"她回答说，担忧只是给了她一种虚假的安全感，让她觉得自己好像是在为潜在的忧患做规划。我进一步深入追问道："事情的结果有多少次因为你的担忧而发生了改变呢？"她担心孩子们没有足够的午餐，担心度假时会下雨，还担心会发生自然灾害。但结果会因为她的担忧而改变吗？因为她的担忧，孩子们的午餐会奇迹般变得丰盛吗？因为她的担忧，乌云就会散去，原本要发生的自然灾害也决定转向别处吗？不，这当然不可能。担忧只是带给她虚假的安全感，让她产生一种错觉，以为自己正在为消除焦虑做点什么。事实上，她只是在不断反刍担忧，让自己陷入专注负面可能性而非正面可能性的循环里。在她权衡担忧的利弊时，天平很明显地倾向于担忧是一种徒劳无功甚至有害的习惯一边。认识到这一点再次帮助贝拉的大脑重新校准担忧带来的奖赏价值，使其趋向负面。

　　最后我问她："当你内心开始担忧时，你真正需要的是什么？"通过给她的担忧习惯画像，贝拉意识到自己经常因为感到焦虑而担忧。她的触机是感到焦虑，习惯是担忧，奖赏是虚假的安全感。贝拉也意识到自己真正想要的是缓解焦虑，她通过深呼吸和短暂的休息就能做到这一点。数周后，贝拉的内心变得平静安宁。她也会时不时地担忧，但再也不会像从前那样满脑子都是担忧并因此制造出新的焦虑。这是了不起的成果，也显示了好奇心和觉知的力量。

习惯会男女有别吗

在过去数十年间，研究人员大多认为性别在习惯养成中并不起主要作用——对男性和女性而言都是一样的。但最近越来越多的研究让我们了解到更多关于大脑的知识，让我们知道了不同性别的大脑是如何被不同事物触发和激励的。

例如，耶鲁大学医学院针对可卡因上瘾或经常性饮酒的人开展了一项研究。[15] 研究人员向参与者展示了之前访谈中的照片，这是提升了他们压力水平后的场景照片，并同时对参与者进行了脑部扫描。

对女性参与者而言，接触到与压力相关的提示信息会让她们产生冲动，触发其成瘾行为。例如，看到一个濒临危险的孩子的照片，会让女性渴望可卡因或喝一杯葡萄酒。相反，男性受到压力的影响就要小得多。男性的成瘾行为是在他们接触到与成瘾品相关的提示信息时才被触发的，例如某人在酒吧的照片、一个针头或者一块可卡因。

这就告诉我们，为了减少自我耗竭并帮助我们保持良好的习惯，女性应该把重点放在降低压力水平上，而男性则应

该专注于如何创造一个健康的环境，使他们不大可能被诱惑
且去执行不良习惯。

另一项有趣的研究调查了 1719 名男性和女性的运动习
惯以确定谁更有可能开始一项运动。[16] 当男性觉得有一个利
于健身的社区且自己的个人能力又允许时，他们就会开始运
动。而女性则不同，她们只有在得到足够的家庭支持的情况
下才会开始运动。当你从传统观念或者生物学的角度来审视
这个问题就会发现，男性的责任历来是维持健康的社群关
系，而女性的责任则是照顾家庭。难怪要成功破除旧习惯或
开始养成新习惯，男性和女性都需要各自遵循一定的条件。

我们还可以根据轶事证据来推测，男性的习惯可能更容
易被外部环境触发，而女性则更容易受内在情感或社会驱
动。但是，关于性别与习惯的科学研究尚处于起步阶段，我
们期待将来能找寻到更多答案。

养成好习惯比改掉坏习惯更容易吗

正如我之前提到的，我不想用好与坏来描述一个习惯，
当然一些习惯的确有益于我们，而另一些习惯则对我们的生
活有害。从理论上说，养成或改变一个好习惯会比养成或改
掉一个坏习惯更容易。话虽如此，大多数人都承认，通常情

况下，坏习惯本身比好习惯更令人愉悦并能提供更大的奖赏回报。在早上按下闹钟的贪睡按钮、在不饿时享受美味的零食或者漫不经心地刷手机，这些可以说比健康饮食、每天在健身房挥汗如雨或者喝足够多的水要让人快乐得多。为什么很多坏习惯比好习惯更容易让人坚持下去，这显然是有原因的。在日常生活中，弱化坏习惯可能比强化好习惯更难，但这也取决于坏习惯的力量有多强以及你有多想养成好习惯。

小　结

- 改变一个习惯平均需要 66 天，其时间跨度为 18~254 天。
- 改变一个习惯需要的时间取决于个人的习惯性强度、重复这种行为的频率、任务的复杂性、习惯的奖赏价值及生活中的负面压力等。
- 目前还没有实证证据表明改掉一个习惯究竟需要多长时间。
- 打破习惯需要的是坚持不懈，坚定信心，保持好奇心，善待自己，尝试新的方法，以及改变你的环境和生活日常。

活　动

保持好奇心

在第 6 章中，你通过识别触机、惯常行为和奖赏列出了三个想要改变的习惯。在本章的活动中，你可以沿用之前的这些习惯，也可以列出其他三个想要改变的习惯，写下它们的触机、惯常行为和奖赏。你可以分别用圆圈表示，并使用图 10-1 作为模板。

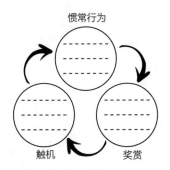

图 10-1　列出三个想要改变的习惯

现在，针对你列出的每一个想要改变的习惯，问自己以下三个问题并思考你该如何作答。

1. 当我执行这个习惯时，我的身体有什么感觉？

2. 我从这个习惯中得到了什么？

3. 什么是我真正需要的？

第 11 章
改变的秘诀

　　我们的行为和决策受诸多因素的影响。我们之所以会做自己所做的一切，那是因为受以下因素引导：我们成长的文化土壤和受到的文化熏陶、我们对世界的认识和感知、我们的社会影响力、我们的自我效能感、我们的态度和价值观、我们的动机水平，当然还有我们的习惯。

　　世界闻名的健康心理学教授苏珊·米奇和她的团队一起制定了一个框架，这个框架能帮助我们理解行为的影响因素。他们将这些因素划分为三大主要类别：能力、机会和动机（缩写为 COM-B，其中 B 代表行为）。[1]

　　COM-B 框架描绘出行为改变如何要求我们具备能力、机会和动机。这意味着如果改变没有发生，很可能是因为我们缺乏其中某个要素，如图 11-1 所示。

　　● **能力**描述的是我们实施某种期望行为所需的生理和心理能力。它包括必要的思维过程、理解能力、逻辑推理能力、知识和技能。能力是指我们具备相应的素质，能够做我们想做的事。

- **机会**包括我们自身以外的能使行为成为可能或促使行为发生的一切要素。机会可以是物理环境也可以是社会环境（社会性机会包括决定我们思维方式的文化氛围）。机会是指我们拥有资源、时间及社会认可去做我们想做的事。

- **动机**被定义为大脑给行为提供能量和引导行为的过程。它是我们以某种特定方式行事的原因。动机可以是自动化的（习惯性的）也可以是反思性的（有计划的、有意识的）。它也可以激励或抑制我们的行为。我们可能被激励去做某事，例如运动；或者不做某事，例如吸烟。在第12章中我们还将进一步全面深入地探讨什么是动机。

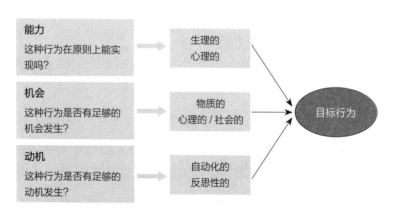

图 11-1　COM-B 框架

COM-B 探戈舞

我们的行为是能力、机会和动机相互作用的结果。例如，我们有动力做某事是因为自己有能力也有机会去做。有时候我们先采取行动后动力也会随之而来。因此，行动本身也可以影响动机。能力、机会和动机之间的相互作用就像是跳探戈舞。

设想一下你想要养成的习惯，例如每天进行冥想练习。如果你没有能力做某事，那么你就不大可能去付诸实践。因此，在你开始冥想之前，你首先需要知道该如何冥想。

> 能力、机会和动机之间的相互作用就像是跳探戈舞。

为方便理解起见，让我们假设你下载了一个引导冥想的应用程序来提高自己的冥想能力。现在你知道该如何冥想了。但如果应用程序无法正常运行，或者孩子们在隔壁房间闹脾气，又或者你该去上班了，也就说你没有冥想的机会，那你也就根本不可能冥想。哪怕你有再强的冥想能力和冥想动机，如果没有机会，你仍然不可能将冥想付诸实践。

同样的道理，除非你具备冥想的动机，否则即便你拥有很高的能力水平和很多的机会，你仍然不会去冥想。如果你不相信冥想有益于你的身心健康，那么你也不大可能有动力从繁忙的日常生活中抽出时间来享受片刻的禅意。

你可以通过能力、机会和动机之间的相互作用觉察到行为是如何发生的，我们可以利用这三要素来实施或改变某种行为。运用 COM-B 框架来确定我们不会对某个特定目标采取行动的原因是非常有效的，因为它能使我们了解到是哪个因素或者哪些因素的组合在影响着我们期望的改变。例如，对某种期望改变的行为而言，唯一的障碍可能是能力；而另一些行为的改变则需要提供机会或限制机会；还有一些可能是需要提高我们的动机水平。更有甚者，我们需要对这三个因素都做出改变。

进行自我"行为诊断"

想要改变行为——无论是开始一种新的行为还是停止一种旧的行为——第一步就是要进行"行为诊断"。你需要问自己两个简单的问题：

- **为什么会出现这样的行为？**

- 要做出什么改变才能让想要 / 不想要的行为产生 / 停止？

下一步是审视促成这些行为的能力、机会和动机。

例如，假设你的目标是喝更多的水，那么问问自己："为什么尽管我想喝水，却还是喝不了足够多的水呢？"你可以运用 COM-B 框架分析如下：

- 我有能力喝水吗？当然，我具备喝水的生理功能和相关知识。

- 我具备足够的喝水的物理性机会和社会性机会吗？是的，我周围有很多水，喝水也是一种得到社会认可的行为。

- 我有喝水的动机吗？呃，没有，也许没有吧。

接下来的问题是"需要改变什么"。答案很简单：你需要的是增强喝更多水的动机。

我们该如何增强动机？在本章后面及第 12 章中我们将专门谈到如何掌控动机。现在你只需要知道，你有能力改变 COM-B 框架中的每个组成部分，并实现习惯的持续改变。

让改变发生

本章的活动将指导你完成行为诊断，包括你想要开始的行为和想要停止的行为。

　　一旦确定了执行（或不执行）某个特定行为存在能力、机会或动机方面的不足，你就可以努力提升 COM-B 框架系统中这一组成部分的不足，从而实现预期的改变。

能力最大化

最大限度地提升生理和心理能力：

- 制订改变的具体目标和计划。确立执行意图（"创建触机—响应关联"；详见第 73~74 页）是个很好的方法。
- 通过接受必要的教育或培训来提高执行某种行为的技能。这包括参加研讨会、利用线上资源、观看培训视频或接受一对一辅导。
- 使用习惯追踪器追踪你的进度（详见第 76 页）。
- 简化行为，以便运用微习惯使行为变得更易于管理。
- 营造一个受到支持的社会环境，找到可以为此负责的人。他们可以是你的家人、朋友或组织里的同伴。

机会最大化

最大限度地创造物理性机会和社会性机会。

- 创造有利的物理环境，为行为的发生创造机会。例如，如果你想吃得更健康，那么你可以把健康的食物放在食品储藏柜的前面，零食则放在难以触及的区域。如果你想多读书，那么你就把书放在一眼能看见的地方，像沙发、咖啡桌或厨房的长凳上。

- 避开能触发不良习惯的触机（重构你的环境，详见第 90 页）。

- 拥有社会支持网络或与目标相同的人建立联系。这将有助于营造一个获得社会支持的环境，增加社交机会。

- 打破现状，改变你的日常习惯和生活环境。

- 手头握有执行你期望的行为所需的资源。例如，你想养成用牙线洁牙的习惯，那么就要确保卫生间里有随取随用的牙线。

动机最大化

增强对期望行为的动机或者削弱继续坚持不良行为的动机。

- 通过奖赏你的改变来创造正向强化。奖赏对行为会产生巨大的影响。奖赏可以包括你感兴趣的一件事，例如冲个澡、看一场电影或者买件新衣服。

- 树立正确的信念和理想，例如深入理解这种改变如何有益于你的生活。我有养成良好的睡眠习惯的动机，因为我深知睡眠对自己的健康和幸福有多重要。了解别人是否认可你做出的改变也很重要。

- 做出与你自身相关的改变。在行为中找到个人的价值和乐趣可以显著增强你做事的动力。确保你想改变的行为与自己的价值观和兴趣一致。

- 强化自我效能感，并相信你有能力让生活做出改变，你的生活也必将发生改变。

- 培养对变化的积极感受。改变你的信念是个良好的开端，但光有念头还不够，你还必须对想做出的改变保持积极的心态。

通过奖赏你的改变来创造正向强化。

坚持改变

改变我们的行为模式和思维方式是困难的，而要维持这种改变更是难上加难。通常情况下，我们需要将变化维持很长一段时间才能转化为切实的利益。用牙线洁牙一次并不能保证你的口腔健康，少抽一支烟也无法改善你的肺功能，散步一次当然不可能增强你的体质。要想变得强壮，你必须长期持续活动身体——这需要你坚持练习。辛苦努力的成果需要时间才能被看见。

那么，我们该如何维持行为的改变并将新习惯坚持下去呢？我们不能想着依靠意志力和有意识的决定。意志力是起伏不定且可耗尽的资源，而有意识的决定则需要意志力。假设我想吃一顿健康的早餐，却要在巧克力棒与干燕麦片之间挣扎做选择，这太难了，最后胜出的也多半是巧克力棒——因为那是巧克力呀。我们必须依靠环境触发、制定生活日程、建立奖赏激励机制、使行为变得自动化——习惯化。为此，我会把巧克力棒放在食品储藏柜的后面位置，并在头天晚上就做好燕麦片且将其放置在冰箱里与眼睛视线齐平的地方。我还会使用习惯追踪器对进展情况进行自我监控，并花时间反观一下吃了健康的早餐后我的身体感觉有多好。

触机、惯常行为、奖赏——这就是你将行为改变坚持下去的秘诀。

小　结

- 我们的行为和决策受诸多因素的影响。这些因素可以大致分为能力、机会和动机（COM-B）。
- COM-B框架描绘出行为改变如何要求我们具备能力、机会和动机。这意味着如果改变没有发生，很可能是因为我们缺乏其中某个要素。
- 行为改变的第一步是进行"行为诊断"，需要思考为什么行为是这样的，以及如何让想要或不想要的行为开始或停止。
- 为了维持行为的改变，我们必须依靠环境触发、制定生活日程、建立奖赏激励机制、使行为变得自动化——习惯化。

活　动

COM-B 框架的应用

　　让我们运用 COM-B 框架来帮助你完成期望的行为改变。你可以在 drginacleo.com/book 网站下载关于活动的 PDF 文件，这样你就能打印出来，并应用在更多你想改变的行为上。或者，你可以将自己对每个问题的答案或提示写在笔记本或日志簿上。

针对你打算开始和打算停止的行为，完成文件中的活动。

想出一个你打算开始或打算停止的行为并记录下来。现在，针对这个行为逐一回答下面的问题 [2] 并用 0~10 来打分。其中，0 分表示非常不同意，10 分表示非常同意，5 分表示既不同意也不反对。目的不是让你把所有问题的得分加起来，而是让你分别对每个问题做出分析。0~3 分表示能力、机会和动机水平较低，4~6 分表示中等水平，7~10 分表示高水平。

1. 我有改变自己行为的物理性机会，从而能够养成或改掉自己选择的习惯。（换句话说，你所处的环境为你参与或者停止自己选择的活动提供了机会，例如足够的时间、必要的物质条件或提示信息。）

2. 我有改变自己行为的社会性机会，从而能够养成或改掉自己选择的习惯。（换句话说，你的人际影响、社交线索和文化规范让你有机会参与相关活动，例如获得来自朋友和家人的支持。）

3. 我有改变自己行为的动机，从而能够养成或改掉自己选择的习惯。（这里的动机是指有意识规划和评价，例如审视自己对好与坏的看法。你可以将自己的动机表述为"我渴望……"或者"我认为有必要……"）

4. 通过改变我的行为从而养成或改掉自己选择的习惯已成为自动化。（换句话说，你做此事时是不假思索的，也不用刻意记起该做此事了，或者说在你意识到自己要做什么之前已经开始做了。在习惯养成的这个阶段，你的得分不大可能为10分。）

5. 就生理而言，我有能力改变自己的行为，从而能够养成和改掉我选择的习惯。（这意味着你具备从事相关活动的身体技能、力量或耐力。如果对这一点你非常同意，那么你可以把它描述为"我有强盛的体力""我可以克服障碍"或者"我有足够的身体技能"。）

6. 就心理而言，我有能力改变自己的行为，从而能够养成和改掉我选择的习惯。（换句话说，你具备与完成某种行为所需的思维能力相关的知识和心理技能，拥有力量和意志力，例如人际交往技巧、记忆力、注意力和决策能力。）

运用你的笔记本或日志簿检查每个答案并深入探讨其背后的原因。针对得分处于低水平或中等水平的问题，思考该如何提高分值并记下你的一些想法，以便更加有效地开始或停止自己选择的行为。

第 12 章
掌控动机

是什么在驱使你成功，让你坚持不懈地应对挑战并矢志不移地追求自己的目标？问题的核心就在于动机的力量。无论是渴求个人成长、职业发展，还是仅仅为了提高生活质量，动机都是追求进步的关键和必要因素。它是我们选择奋勇向前和积极行动的重要原因之一。

在本章中，我们将从多个方面展开关于动机的探讨——从动机激励我们背后的科学原理到可以用来提升我们动机水平的实用策略。同时我们还将探讨个人价值观、信仰和经历如何影响我们实现目标的动机水平。

首先，请思考一个简单的问题：是什么在激励着你？是对成功的渴望，是实现目标后的成就感，还是因帮助他人获得的满足感？花点时间反思一下你的动机，想想它们是如何影响你的选择和行动的。当我们开始探索动机时，请记住，了解自己的动机是利用其力量来帮助我们实现目标的第一步。

什么是动机

动机是一个复杂的综合性概念，它源自心理学和神经科学。动机涉及激活大脑的奖赏系统，该系统能释放令人愉悦和满足的多巴胺和血清素等化学物质。当我们执行能带来积极结果的行为时，这些神经奖赏通路就会被激活，例如达成目标或因取得成就而得到认可。影响动机的因素复杂多样，从遗传基因和所受教育到我们所处的社会文化背景都会影响我们的动机水平。

心理学教授道格拉斯·穆克将动机定义为我们在特定情况下发起、选择或坚持特定行为的动因。[1] 简而言之，动机是我们以特定方式行事的原因。

动机理论的构成

动机过程可以划分为四个主要类别。这些类别涉及动机理论的主题思想，可以让我们更加深入地理解什么是动机以及动机的影响因素：

1. **动机优先级**：是什么在激励着我们？

2. **动机进程**：我们的动机优先级是如何产生并影响自己的行为的？

3．**动机变化**：我们的动机水平如何随时间和经验发展变化？

4．**动机差异**：我们和他人的动机有何不同，以及我们在不同时间的动机有何不同？

与之对应的表格（见表 12-1）简要列出了动机的各个组成部分。每个影响因素都可以做进一步细分。例如，生理

表 12-1　动机理论的构成

类别	重点	影响因素
动机优先级	是什么在激励我们	生理因素
		心理因素
		社会因素
动机进程	我们的动机优先级是如何产生并影响自己的行为的	直觉
		习惯
		驱动力
		选择
动机变化	动机水平是如何变化的	体验
		关联学习
		推理
		成熟
动机差异	动机如何因人而异	优先级
		过程
		变化

因素可以包括呼吸、口渴、饥饿、性欲、威胁、疼痛等（详见本书"附录"了解更全面的细分项）。在这里我就不再一一介绍，我希望我们能把注意力放在更实用的方法上，以便帮助我们理解和改变自己的动机水平。在本章的后面，我们还将概述影响行为的五个关键要素。

外在力量与内在力量

动机可能受到外在力量或内在力量的激发。外在力量或者说外在动机是指行为受到金钱、名誉、他人认可或赞扬等外部奖赏和结果驱动而产生。这是一种来自我们自身以外的动机。

与之相应的内在力量或者说内在动机是指行为受到成就感、享乐感、满足感等内部奖赏和个人满意度驱动而产生。这是一种来自我们自身内部的动机，其典型特征是受兴趣、热情和价值观驱动。虽然外在动机在某些情况下也能发挥作用，例如当我们需要被激励去做根本不感兴趣的事情时，而一般认为内在动机是更为强大、更可持续的动力来源。这主要是因为内在动机受个人满足感驱动，而非依赖外在奖赏和结果驱动。如果你告诉孩子只要完成家庭作业就能得到奖赏，他们就会为了奖赏而完成家庭作业。而一旦你不再提供奖赏，就相当于剥夺了他们完成家庭作业的动机。如果没有其他激励措施，那么孩子们就很可能不想完成家庭作业。

我认识的一对夫妇分享了他们给儿子设立的奖赏制度，这对改善孩子的餐桌行为起到了很大作用。"他坐姿端正，也不会扔掉豆角和球芽甘蓝，他做得真的很好。"他们说。直到全家第一次来到一家高级餐厅，孩子环顾四周后从桌子上拿起一个水晶玻璃杯问道："要是不扔掉这个得多少分？"真是令人啼笑皆非。这是一个过度依赖外部奖赏来塑造孩子行为而造成不良影响的绝佳例子。

一些关于儿童和成人的实验证实了这样一种理论：如果得不到奖赏，就无法再通过外部奖赏来改变行为。在关于儿童的实验中，一群在教室里的幼儿园孩子被允许在空闲时间做他们想做的任何事情——他们可以唱歌、画画、玩积木或者其他玩具。[2]研究人员则通过单向观察镜专注于那些对绘画表现出浓厚兴趣的孩子——换句话说，就是那些天生就有绘画动机的孩子。然后，他们给这些孩子颁发"优秀选手"证书来肯定其出色表现。孩子们自然很喜欢这种奖赏和回馈。

两周后，研究人员停止了给孩子们的绘画奖赏，同时观察他们用在绘画上的业余时间还能占多大比例。如你所料，他们对绘画的兴趣明显大不如前——事实上，只有开展研究之前的一半。外部奖赏破坏了孩子们的天然兴趣，将一项充满吸引力的活动变成了一件孩子们只有获得奖赏回报才愿意做的事。

这就是外在动机的局限性：一旦激励消失，我们就找不到继续坚持的真正理由。而当我们拥有内在动机时，我们往往会更加投入、更富创意、更能执着追求，这将使我们获得更大的成就感和满足感。

有意识的力量与无意识的力量

动机源自意识因素与无意识因素之间的相互作用。意识因素包括我们的反应过程，例如有意识的决策和推理；无意识因素是一个自动化过程，例如我们的感觉、信念、过往的经验和习惯。

动机是什么感觉

动机的感觉因人而异，也因不同的情况而各不相同。但一般来说，动机是一种兴奋、热情和决心去行动的感觉。

我们在动力满满时会感觉有一股涌动的能量或使命感在推动自己前进。我们会更专注、更投入、更全身心地致力于手头的任务。在朝着目标迈进的过程中，一种满足感和成就感油然而生。

> 动机是一种兴奋、热情和决心去行动的感觉。

相反，当动机缺失，我们就会感到无聊、懒散，或者对采取行动无动于衷。我们会停滞不前或者不知所措。我们还会因为没有进展而沮丧、失望。恐惧、抑郁和焦虑的情绪会关闭大脑的动力开关。你也许听说过"令人衰弱的担忧""令人瘫痪的恐惧""令人残疾的焦虑"这样的俗语。动机促使我们奋勇前进，而恐惧和焦虑只会让我们止步不前。

从根本上说，动机是一种积极的情绪状态，它可以帮助我们改变习惯从而达成目标。

伟大的动机神话

大多数人都清楚自己想要改掉的习惯是什么——拖延症、思虑过多、冲动购物、暴饮暴食和迷恋社交媒体等。但问题是我们大多数人又都希望把生活过得更健康、更快乐、更充实，这就需要养成新的习惯。可为什么有时候做我们自己想做的事也会如此艰难呢？

我们常常误以为必须有动力才能采取行动。"我想开始一个新的爱好，但我得等到有动力的时候。""我想存更多的钱，但我得等有动力了再开始。"事实上，我们会因为采取行动而获得动力。是的，没错，行动先行，动力在后。行动是产生动力的先决条件，这就意味着想要改变生活现状，我们往往需要在没有动力的情况下先行动起来。当我在科学文献中读到这些时，我被震撼到了。我曾经希望有那么一天动力能变成一种易于消化的药丸，只要服下它我就能过上最美好的生活，不用逼迫自己做出改变。但事实证明，动力是一种随时随地可以挖掘利用的资源。我们要做的就是迈出第一步。

当我想到新年决心时，我仿佛看到一个伟大的动力神话正在上演。我们有时候会认为，新年开始了我们就有了动力和热情去实现自己的目标，但动力不是新年伊始将我们击中的一道闪电。你也不可能在新的一周开始时或者你生日那天就与它不期而遇，或者在你度假归来的那一刻突然找到它。你会发现它就在你奋进与行动的过程中，从你迈出第一步时它就已经悄然存在。

> 动力不是新年伊始将我们击中的一道闪电。你也不可能在新的一周开始时或者你生日那天就与它不期而遇。

我已记不清有多少次不想去健身房但最后还是去了，只要身体动起来，我就进入了运动状态。我从未在走出健身房时想过："天呐，真希望我没有来健身。"每次我都为自己去健身而开心，这种感觉又激励我再次踏进健身房。天才不是天生的，天才是后天造就的。

过程、状态还是特质

你是否想过为什么有些人比其他人动机水平更高呢？然而，这个问题可不像"为什么有人更渴望改变或者更勇敢"那样简单。关于动机，我们可以分别从三个方面来理解：作为一个过程的动机、作为一种状态的动机和作为一种特质的动机。

作为一个过程的动机

正如我们在本章前面看到的，动机是一个大脑处理能量和指导我们行为的过程。无论受思想还是情感驱动，影响我们采取行动的因素都可以归纳为意识因素和无意识因素。动机产生在我们设定一个目标并采取行动去实现它时。例如，学生会为了考试而学习，因为他们想取得好成绩。动机的过程包括学生设定目标，感觉有动力去实现目标，然后采取行动去学习。

作为一种状态的动机

作为一种状态的动机是我们能获得的一种瞬时特征，它决定着一种行动相较于其他可能行动的优先级。状态动机受到我们对执行某种行为的成本与收益的看法影响。它也受到我们的意图、行事准则、欲望和需求、冲动与抵制的影响。状态动机只存在于当下，并且每天都在变化，每时每刻都在波动。例如，你可能某一天有动力去运动，而某一天却感觉动力不足懒得动弹。

作为一种特质的动机

这更多的是关于一个人优先选择一种行为而非其他行为的长期倾向。特质动机受到我们的态度和价值观的影响。它被视作一种相对稳定的人格特质，代表我们在不同情境和不同时间的总体动机水平。例如，我具有吃大量蔬菜的特质动机，这一行为每天都在发生，因此我不需要有吃很多蔬菜的心境也会吃。这已经成为我日常生活方式的一部分，因为我很看重蔬菜的价值（同时我也觉得它们很美味）。就冥想而言我不具备特质动机，而只有状态动机。在我的生活中，冥想只是断断续续在做的事，我必须真正意识到该冥想了，冥想这个行为才可能发生。

寻找内在动机

在第 5 章和本章前面，我描述过内在动机的重要性和价值。那么，我们如何才能获得更多的内在动机呢？

自我决定理论是一种关于人类动机和人格的宏观理论。该理论认为每个人都有三种基本的心理需求，即自主需求、关系需求和能力需求，这构成了个人成长和发展的基础。所有这些需求构成了我们有动力去做某事的必要条件。

自主需求

你需要相信你对自己所做的事拥有发言权和选择权。你需要确保你设定的目标对你自己和你的成功至关重要。你需

217

要选择如何实现自己的目标，而不是等待他人来告诉你该怎么做。

多年来，朋友们一直鼓励我练习瑜伽，但由于种种原因一直未能成行。我也说不清为什么。也许是因为我想把时间花在让身体真正动起来的运动上，让自己实实在在感觉到在运动。我需要感到肌肉酸痛、心跳加速到极致。后来有一天，我想做一些伸展运动，于是我在家里播放了一个瑜伽视频并迅速投入其中，现在我已经有了三块不同的瑜伽垫，还能说出哈达瑜伽和阿斯汤伽瑜伽的区别，我基本上已经成了一个准瑜伽士（还算不上真正的瑜伽士，但我现在的确爱上了瑜伽）。与之前相比，只是有一点发生了改变，那就是我已经自主决定去尝试瑜伽。我做这样的决定并非为了其他人，而是为了我自己。

> 你需要选择如何实现自己的目标，
> 而不是等待他人来告诉你该怎么做。

当我还是一个营养师的时候，我无数次看到来诊所的人们只是因为医生让他们来他们才会来到这里。其实他们原本并不想来，这一点我们彼此都心知肚明。我常常觉得他们来找我只是为了打个卡，然后好回去跟医生有个交代："是的，我已经去看过营养师了。"事实上，他们既没有做好对饮食做出有益改变的准备，也不认为看营养师有什么必要。结果很显然他们成了与我合作的人当中最缺乏动力的一群人，这不怪他们，毕竟他们不是心甘情愿来诊所的——尽管并没有强迫。

你觉得自己有实现目标的自主需求吗？反思一下为什么养成新习惯对你很重要。

关系需求

在内心深处，我们都本能地渴望与周围的人建立联系，寻求一种连接感和归属感。我们所做的一切如果对他人有意义、有价值，即使不能带来物质回报，也能切实激发我们的动力。

我居住的地方有一个很好的基金会，我们组织了一次盛大的圣诞聚餐活动，招待那些原本过不了圣诞节的人。例如，无家可归者、家庭暴力受害者、失去伴侣的人、买不起豪华大餐的靠养老金生活的人，以及那些四处漂泊的人。去年我们为大约 700 人提供了圣诞午餐和包装礼物。令人赞叹的是，数百名志愿者放弃了自己的圣诞节加入到社区服务中来。一位猫王模仿者给大家表演了娱乐节目；食材是餐馆、超市和小型企业捐赠的；饭菜是由志愿厨师免费制作的；礼物则是圣诞节前数周由普通市民捐献的，每一件都精心包装并贴上标签。所有人都吃饱喝足并感到满心欢喜。我说的所有人，既包括志愿者也包括被招待的人。你看见了吧，要是你让我在一定火爆的餐厅工作 7 个小时给人送餐且还没有任何报酬，我可能会觉得你疯了，我也绝对不可能那么做。但是，每年的圣诞节我都会去救济厨房帮忙，这也是我一年中的高光时刻，我发自内心地渴望做这些，因为通过帮助别人，我与那些原本只能独自度过这个特殊日子的人建立了联系，让我获得了一种美妙的满足感。

在动机理论中，关系需求指的是我们有意愿与他人互动、联系并体验关心他人。并非我们的所有目标都必须存在关系需求——事实上，许多目标都没有——但你可能会发现，那些你认为对他人有意义、有价值的目标，会使你拥有更高的动机水平。为了筹集资金救助他人而跑 10 公里的动力远比纯粹为了增强体质而跑 10 公里要强得多。

> 你可能会发现，那些你认为对他人有意义、有价值的目标，会使你拥有更高的动机水平。

能力需求

增强内在动机的最后一个因素是能力需求。能力需求是指体验到胜任感，它源于自我效能感，正如你已经知道的，自我效能感是成功的最强预测器。随着自我效能感的提升，内在动机也在不断增强。你越相信自己能做成某事，你就越有动力去尝试。你越相信自己在变好或者逐渐掌握某事，你就越有动力再做一次。你越觉得自己能够掌握它，你就越有可能继续专注于它。

当举重教练告诉我，我的硬举动作看起来很不错，或者米奇跟我说我做的香蕉面包是最好吃的，这就形成了一个积极的反馈回路，满足了我的能力需求。它激发起我要再接再厉的欲望。

你相信自己的本领和能力需求水平可以让你达成目标吗？你如何评判自己的进步，让你看到自己正变得越来越好，并且越来越接近你的目标？

影响动机的五个方面

动机是一种复杂现象，它受诸多因素影响。但有五大关键因素值得关注。某些因素与你的相关性又可能比其他因素更强。

1. 奖赏与惩罚

大脑的奖赏通路告诉我们，做一件事要么会获得奖赏要么会受到惩罚。这就是强化学习的本质，它有助于激励我们根据收到的反馈增加或减少相关行为。

正强化和负强化都可以帮助我们增加相关行为，而正惩罚和负惩罚都可以帮助我们减少相关行为。

通过强化来增加行为

- **正强化**：它是指通过增加积极的刺激来增加行为，例如奖赏。如果有人在你每次按下按钮后都会给你 100 美元，那么你会一整天站在那里按个不停。这对你来说就是一种奖赏。同样，当你为健康生活做出改变时，你注意到了你的身体和心态发生的变化，这就会给你正强化，让你觉得自己所做的一切都是值得的——这就会强化你保持这些健康行为的动机。

- **负强化**：与正强化相反，当通过消除负面因素来增加行为时，就产生了负强化。假设你想去的健身房又有限时免 200 美元会员费的活动，这时候你就会更有动力加入，因为该健身房消除了潜在障碍或者说"负面因素"。

通过惩罚来减少行为

● **正惩罚**：当通过增加负面因素来减少行为时就产生了正惩罚。例如，你曾经被火炉烫伤过，你就会受到刺激不再碰火炉。一些吸烟者反映说，当他们出现"吸烟过多引起的咳嗽"时，这会促使他们戒烟。

● **负惩罚**：它是通过剥夺正面因素来减少行为。如果你是家长，你可能对孩子说过类似的话："如果你再打你的兄弟 / 姐妹，我就把你的玩具拿走。"如果一个成年人总是超速驾驶，他就会被吊销驾驶执照。我不敢多吃黑巧克力，是因为它含有的咖啡因会影响我的睡眠。剥夺良好睡眠会减少我吃黑巧克力的行为。

2. 可变比例的强化

实验研究的一个惊人发现：只是间歇性获得奖赏的行为往往会比持续性获得奖赏的行为更强大、更持久。赌博便涉及可变比例的强化。例如，不是每次拉动老虎机的手柄都能赢钱。电子游戏也遵循同样的规则。当你的手机提示音响起也一样富有诱惑力，因为在你查看手机确认是谁来的信息之前它还是个未知数。

举个例子：假设你每次拉动老虎机的手柄你都会赢钱——你便处在一种持续的可预测的连胜状态。一旦你再拉一次发现什么都没有发生，你就会认为老虎机里的硬币已经用光，于是你就会停止游戏。

然而，如果玩老虎机时你只是间歇性赢钱，你就会认为虽然这一次拉动手柄什么也没有发生，但总有一次能赢。你会认为这只是奖赏中的一次随机性中断——因而，即便你再也赢不了钱，你也会继续长时间玩下去。

这便是运用可变比例的强化原理来增强我们坚持某种行为的动机。它制造出一种令人兴奋和期待的感觉。当奖赏回报有意义，并且被强化的行为本身又是我们发自内心想做的事时，这种情况下的强化效果最佳。

运用可变比例的强化来增强我们的动机并没有明确的方法，但这恰是这个过程的有趣之处。

3. 目标

动机深受个人价值观和目标的影响，这就是为什么第14章会用一整章来讨论目标的设定。如果我们正致力于自己真正在意的事，我们就更有可能为此付出必要的努力。拥有目标会对我们的动机产生重大影响。这是因为目标：

- 引导我们的注意力和专注点。
- 赋予我们行动和前进的能量。研究表明，拥有目标可以提高我们愿意付出努力的程度，无论是体力任务还是脑力任务。[3]

- 帮助我们在特定任务中坚持更长时间而不放弃。
- 鼓励我们通过意图和策略找到更好的解决方案。

当我们确立实施意图时，目标会变得更富激励性——计划具体在何时何地采取行动将更好地指引我们朝着目标迈进。在培养新习惯时，当我们使用"当我……我会……"和"如果……那么……"这样的陈述时，我们就是在确立实施意图。

4. 多巴胺

如果不深入探讨多巴胺，本书就无法被称为关于习惯改变的书。作为大脑释放出的主要神经递质之一的多巴胺，在我们关于动机、奖赏、注意力和快乐的体验中起着至关重要的作用。了解多巴胺已经帮助我们发现了很多人类大脑的内部运作机制乃至更多关于动机的奥秘。神经递质是在神经元之间传递交流信号的化学物质。就像把钥匙插入锁中一样，多巴胺与受体结合会在某种程度上激活神经元。

例如，当我们享受特别美味的食物时，大脑中一个被称作伏隔核的区域就会释放出多巴胺，伏隔核是奖赏通路的一部分。多巴胺会以创造愉悦感作为奖赏，从而激励我们重复该行为以便再次体验这种愉悦感。

多巴胺通常被称作通向快乐之路。你可能听说过赌博或其他上瘾性行为中的"多巴胺飙升"。听起来，多巴胺似乎是一种能让人们感到快乐的化学物质。但确切地说，多巴胺更多的是关于"想要"的欲望和体验感。多巴胺让我们对某种事物产生渴望，却未必能真正带给我们快乐。多巴胺只关乎预期，它是一种对未来奖赏的渴望。因此，多巴胺会让你渴望巧克力，却不一定能让你喜欢巧克力的味道。

> 多巴胺只关乎预期，它是一种对未来奖赏的渴望。

在一项非常有趣的实验中，研究人员将一群吸烟者关进一个房间里，并让他们交出香烟。其中一半的吸烟者被告知 20 分钟后就可以出去吸烟，另一半则必须等待 5 小时后才能吸第一支烟。通过测量吸烟者的大脑活跃度和预期水平研究人员发现，随着时间的推移，无论是等 20 分钟还是等 5 小时，随着被准许吸第一支烟的时间越来越接近，吸烟者的大脑活跃度和预期水平都在逐渐提高。20 分钟后，等待时间较长的一组的多巴胺水平并没有出现与另一组同样的高峰，那是因为他们知道自己还需要等待四个半小时以上才能轮到自己吸烟。他们平静地坐着，大脑的活跃度也很正常。当快到吸第一支烟的时间时，这些吸烟者的大脑活跃图便开始舞动，因为他们的大脑被激活并开始期待自己的香烟。多巴胺不仅帮助我们关注奖赏，也帮助我们预测奖赏。参与者们开始考虑起吸烟的事来，他们查看关于吸烟的照片，想象自己吐出的第一口烟雾会画出什么图案。正是对吸烟的期待而不是真正吸到烟显著提高了他们分泌多巴胺的水平。[4]

我们的大脑会不断期待各种奖赏，并利用这种期待引导我们的思想和行为。视觉刺激（例如浏览社交媒体和玩电子游戏）、享用美食、实现目标、当感觉与他人建立联系时对沟通成功的期待、赌博、参与新奇或令人兴奋的活动、性爱或运动，以及学习新事物，所有这些行为都会促使我们分泌多巴胺，从而强化该行为。

德国的一项研究的研究人员对 150 余名偶尔或经常打游戏的青少年的核磁共振描结果进行了分析。[5]这些孩子们大约 14 岁，这意味着他们的大脑仍处在发育状态，大脑的连接方式也会再次发生变化。他们在这个年龄建立的大脑连接将影响他们未来的生活，影响他们的行为方式，甚至还可能影响其个性和气质。

通过玩有奖赏回报的电子游戏，孩子们会释放多巴胺从而影响到他们正在发育中的大脑连接。从本质上说，他们正在强化大脑中对奖赏敏感并做出反应的某些神经网络。游戏的乐趣事实上是由持续的不确定性激发的，例如究竟谁会赢得这场比赛。与偶尔玩游戏的人相比，经常玩游戏的人的大脑的奖赏中心更大。这意味着经常玩游戏的人必须玩更多的游戏才能达到与偶尔玩游戏的人相同的奖赏水平。

我们知道任何增加多巴胺分泌的事物都可能使人上瘾。如果研究中的孩子们只玩电子游戏而没有找到其他可替代的奖赏性活动，他们就会开始沉迷于游戏；而如果他们还参加体育运动、玩音乐或参与其他社交活动，玩电子游戏就不再成为主要问题，他们会重新回归平衡并从各式各样的活动中找到乐趣。

但凡事有起必有落，有升必有降。你看，痛苦和快乐就像分别坐在大脑中的一个跷跷板的两端。我们越刺激多巴胺系统，它就越令我们感到兴奋，而与此同时，整个神经系统也越受到抑制。

多巴胺的高峰与低谷

多巴胺水平的高低就像货币的涨跌一样，决定着我们的动机水平、欲望水平、奖赏水平和快乐程度。当多巴胺水平处于基线时，我们感到平静而满足。当多巴胺水平很高时，我们感到充满热情和动力十足，我们从令人愉快而有意义的活动中获得极度的享受和强烈的满足感。相反，当多巴胺水平很低时，我们会感到身心疲惫、喜怒无常且毫无动力。

多巴胺水平的上升和下降就如同波浪池中的水一样。你要是从未见过波浪池，简单来说，它就是一个混凝土制成的游泳池，配备专门制造波浪的机器，产生类似于你在大海中看到的海浪，从微小的涟漪到滔天巨浪都能制造。为了说明多巴胺水平如何升降，你可以设想一下，将波浪很小的时候与波浪很大的时候比较，波浪池里的水位会发生什么变化。

如果波浪很小或零星散发，我们可以推知池中的水位会保持不变。但如果波浪很大且活动频繁，我们可以预料部分池水就会溢出，池中原始的基线水位就会开始下降。如果大浪一浪接着一浪，很快池中水位就会下降。每掀起一次大浪，池中的水位就会下降一次。这也正是多巴胺的工作原理：当你体内循环流动的多巴胺大量增加时，跷跷板效应就会发生，一端是多巴胺激增，一端是基线水平的下降。有高峰就有低俗，每一次快乐的体验都有痛苦相伴。从能量爆棚到身心俱疲你都要经历。为了再次提高多巴胺水平，我们不断向外寻找能满足这一需求的行为，以为这样我们就能获得内心的平静和满足。

例如，当你的手机收到一条通知——短信提示音——你会感到快乐，你的大脑想让跷跷板回到平衡状态。这也被称作内稳态。但这并没有让你的多巴水平回到原来的基线水平，或者说你没有找到收到信息前的感觉，你的多巴胺水平会产生更大幅度的下降，你的感觉也会比之前更糟，这也被称作痛苦平衡。同样，这个理论也可以解释为什么当你收到一条短信提示时，你已经开始期待下一条，或者当你咬第一口蛋糕时，你已经在考虑咬下一口了。

神经科学教授安德鲁·休伯曼给出了一个很棒的例子，我在此转述一下。[6]假设你觉得饿了，很想吃三明治。你对三明治的期待会增加你的多巴胺水平。跷跷板效应便随之发生，你的多巴胺水平激增的同时也导致多巴胺基线下降。要知道，有高峰就有低俗。在低谷期——你的多巴胺水平较低，你感到疲惫和情绪化——于是你开始渴求能让自己快乐起来的东西。这会激发你出去寻找三明治的欲望。在你寻求三明治的过程中，你的多巴胺水平会再度上升，你开始感觉好多了。随后，你的多巴胺水平又会降到基线以下，这种下降反过来又激发起你要让多巴胺水平回升的强烈愿望，从而使你产生更大的动力去追逐你一开始就想要的东西。这是一个极其狡猾的欲望追逐系统。渴望会触发多巴胺高峰，高峰会导致低谷，低谷又会激发出更大的动力，让你去追逐奖赏和满足内心的欲望。当然它不一定非得是三明治，也可以是咖啡、培养一段感情、性爱、音乐、寻求刺激，或者其他任何东西。要记住，高峰越高，低谷越低。

痛苦与快乐的平衡

在经历负面情绪时，我们试图通过采取某些行为来使自己感觉更好，目的就是寻求痛苦与快乐的平衡。例如，当我们感到无聊、孤独和压力很大时，我们会热衷于吃东西、比平常更加贪恋浏览社交媒体或在网上疯狂购物。

久而久之，大脑对多巴胺的反应就会变得迟钝，它开始需要越来越多的食物、游戏或者其他能带给我们快乐的行为，才能达到和之前一样的奖赏水平。这就是为什么对那些能让我们释放多巴胺的事，我们总想一遍又一遍地做。

能提升我们多巴胺水平的事物包括：

- 巧克力——×1.5 倍
- 你喜欢的运动——×2 倍
- 追逐并实施性行为——×2 倍
- 冰浴或洗冷水澡——×2.5 倍
- 吸食尼古丁——×2.5 倍
- 涉入可卡因——×2.5 倍
- 服用成瘾性药物——×10 倍

你从中就可以看出为什么成瘾品如此令人上瘾。它带来的多巴胺峰值如此之高，极度兴奋的快感异乎寻常地激增，结果导致随之而来的多巴胺水平产生更大幅度的下降乃至衰亡。这就像抑郁症，让人重新感觉快乐的唯一办法就是去追求另一个多巴胺峰值的到来。

自然恢复你的多巴胺基线水平

多巴胺水平低会让人觉得生活索然无味。你会感到情绪低落或者脸上长斑。你自然想要寻找快速提升多巴胺水平的方法，让你重新变得活力四射。然而，与其追逐多巴胺"巨龙"，不如坐下来静待花开，因为低谷终将自行过去。多巴胺基线也会回归原有的水平。你可能有过渴望吃甜食的经历，但当你发现周围根本没有甜食可吃时，这种渴望自然也就消失了。

带着这种无趣的感觉坐等，会让你不再那么依赖无益的刺激，如手机短信、提示通知、哔哔声、点赞、评论、电话铃响、成瘾品、无意义的性爱、刺激等这些与现代社会生活如影随形的东西。短时间内感到孤独和无聊也挺好。不把手机拿进卫生间娱乐没你想象的那么难。如果你有强迫性行为，克服这种不适感能帮助你从更简单自然的生活中找到乐趣，这样你就能掌控自己的生活。这还能帮助你创造更加健康的多巴胺平衡，而不是追求短暂的快感。如果有必要，我建议你找到一位训练有素的心理医生来帮助你处理不良情绪。

自然恢复多巴胺平衡的一些循证策略包括：

- 获得充足的高质量睡眠，这很重要。睡眠不足会降低多巴胺水平，充足的睡眠有助于维持多巴胺平衡。[7] 建议每晚睡 7~9 小时。把睡眠当作你生活中的头等大事。

- 进行非睡眠深度休息，例如瑜伽休息术，这是一种强大的放松练习，已被证明可以将多巴胺基线水平提高 65%。[8]

- 沐浴在清晨的阳光里。在醒来后的 8 小时内花 2~10 分钟晒晒太阳，可以让我们的多巴胺水平提高 50%。[9] 醒来后越早享受阳光越好。

- 晚上 10：00 至凌晨 4：00 避免强光，因为强光会迅速激活我们大脑神经系统中使多巴胺循环流动减少的区域。[10] 如果这段时间你确实需要照明，那么尽可能地把灯光调暗。

- 做心脏强化运动。用我们喜欢的方式让身体动起来，提高心率有助于恢复多巴胺基线水平。[11]

- 多吃含酪氨酸的食物，酪氨酸存在于奶酪、大豆、牛肉、羊肉、猪肉、鱼肉、鸡肉、坚果、鸡蛋、豆类和全谷物中。[12] 酪氨酸可以转化为多巴胺，从而增强其在人体内的可用性。

- 洗 1~3 分钟的冷水澡，在你能忍受的情况下让水温尽可能地低。[13] 众所周知，这将显著提高多巴胺基线水平。

- 饮用含咖啡因的咖啡或茶，这能使多巴胺水平有所增加，并增强多巴胺受体的可用性，让我们的身体对多巴胺的循环流动变得更敏感。[14] 但避免在下午两三点以后摄入咖啡因，以免影响你的睡眠。

5. 竞争力

我们知道任何习惯都顺次遵循习惯回路——触机、惯常行为和奖赏——这意味着每个习惯都会带给我们某种奖赏。熬夜会影响睡眠和健康，但它会以让我们看完非常想看的电视剧作为奖赏。我们想做一件事的动机与想做其他事的动机之间是相互竞争的。一些日子我们可能更有动力睡觉，而另一些日子我们可能更有动力熬夜看电视。为了争夺我们的动机，不同力量之间会相互博弈。

我可能发现利用空闲时间在电视上看一场免费的电影很容易，而要读书却难得多。这不是因为我想读书的愿望发生了改变——我热爱阅读——而是看电影给我带来了既不费力气也不费心思的奖赏回报。同样的道理，当我饿了，冰箱里又恰好有蛋糕，那么我会更有可能吃蛋糕而不是水果。坦率地说，与水果相比我确实更爱蛋糕，尤其是当我感到筋疲力尽、自我耗竭的时候。在这场究竟是选择阅读还是看电影、吃蛋糕还是吃水果的内心斗争中，更有吸引力的竞争对手往往胜出的机会更大。除非你保持清醒的认识，面对触手可及的选择，你能够有意识地改变自己的想法。

意大利面是蠕虫，巧克力是泥巴，奶酪是黏液

摆在你面前的选择在你心中价值几何将会对你的动机水平产生重大影响。正如我所说，我认为蛋糕带给我的奖赏价值高于水果。如果我试图抗拒蛋糕而选择水果，我的自制力会很快被耗尽，因为我舍弃了自己真正想要的东西。只有在遇到我不喜欢的那种蛋糕（如海绵蛋糕）时，才不会影响我的动机水平。因为我不太喜欢吃海绵蛋糕。要是芝士蛋糕则来者不拒。这就是我们建构事物的方式能深刻影响动机的地方，如果能转变观念，就能改变我们的人生体验。

有一天，我正坐在办公室外面的草地上幸福地享用午餐，一位老先生指着我的碗里说道："你很喜欢吃这些蠕虫吗？"他不可能指的是我妈妈亲手做的意大利面吧。我低头看着自己的碗里，被这个人的话弄得摸不着头脑。我想他一定是视力出了问题，也许脑子也有毛病。怎么会有人把虫子塞进嘴里呢？我看着他咧着嘴笑的脸慢慢回答道："您说什么？"我的语气已经暴露出我的困惑。他笑容满面且充满自信地大声说道："意大利面是蠕虫，巧克力是泥巴，奶酪是黏液，我就是这样减掉了 20 公斤。"这听起来很像一首著名的歌曲：意大利面是蠕虫，巧克力是泥巴，奶酪是黏液。

"这个人到底在说什么？"我心中犯嘀咕。我的表情已经出卖了一切——这要是玩扑克牌我肯定会输得很惨——很明显他已经看出了我的疑惑。他站在我身旁跟我解释说，他体重一直超标，通过重新看待容易让他过度贪恋的食物，他再也不觉得这些食物对他有诱惑力了。那句话不停地在我脑海里回荡：意大利面是蠕虫，巧克力是泥巴，奶酪是黏液。哇！这不光饱含智慧，也是关于如何看待事物且宝贵的一堂课啊。

我想起自己曾经那么喜欢能多益巧克力酱——你要是放一罐在我旁边，我一定会深陷其中吃个不停。但是后来我看到了它的配料表：糖（56%）、植物脂肪……乳化剂、调味剂。这些听起来没有一样吸引人。从此，我再也不觉得能多益是美味的巧克力了，对我来说，它也不再有诱惑力。转变你的观念，你的体验感也会随之改变。

其他因素

其他影响我们动机的因素包括：

- **反馈**：我们都喜欢积极的反馈。我们喜欢听别人夸自己做得很好，或者我们希望自己的努力被看见。积极的反馈是一种强大的动力，它能使我们对自己的努力感觉良好并激励我们继续前进。我用积极的反馈来鼓励我的丈夫做家务（这是作为行为科学工作者的福利之一）："亲爱的，你在花园里的表现真棒。""我喜欢你昨晚做的饭。""谢谢你把衣服叠好。"这招真的很管用。

- **环境**：我们生活的环境对我们的动机水平具有显著影响。如果身处一个赢得支持并有利于目标实现的环境里，我们就更有可能被激励去朝着目标努力。而如果环境不友好又得不到支持，我们的动力就可能变差。

- **过去的经历**：与强化学习类似，我们过去的经历会影响现在的动机。如果我们曾经从某个活动或任务中获得过积极的体验，我们就更有动力在将来重复一次这个活动或任务。相反，如果我们有过消极体验，我们就不大可能有动力再经历一次。

- **情绪**：如果感受到诸如兴奋、热情等积极情绪，我们就更有可能受到鼓舞。相反，如果感受到焦虑、压力等负面情绪，我们的动力水平就会急剧下降。

请记住，这些影响因素会以各种复杂的形式相互作用，我们每个人受到的激励也各不相同。了解作为一个独特个体的你的动力是什么，将是你实现目标并从所做的事情中找到满足感的关键。

小 结

- 动机被定义为以特定方式行事的原因。

- 动机是一种兴奋、热情和决心去行动的感觉。

- 内在动机需要满足自主需求、关系需求和能力需求。

- 诸多因素影响和改变着的动机水平，它们可能每天甚至每时每刻都在变化。

- 采取行动的结果是我们产生了动机。我们不应该等有了动力再去行动。行动往往是动力的先决条件。

活 动

活动 1

你的动力是什么

拿出你的笔记本或日志簿，对以下这些提示做出回答：

1. 想想你在生活中做过的让你开心的事情——也许是一个已经养成的健康习惯，例如定期锻炼、吃水果蔬菜、养成良好的睡眠习惯和经常阅读。想想是什么激励你去做这些事情的？

2. 现在设想一个你想养成却尚未开始行动的习惯。想想是什么阻碍了你的动机，让你无法朝着这个目标采取行动？例如，也许是因为这需要付出很多的努力，也许是你觉得自己没有能力实现它，也许是你感觉这个目标太大了。

活动 2

进行动机诊断

利用这个活动来思考你有多大的动力开始、维持或停止某个特定的行为。针对每一个你想要改变的习惯反复使用这个活动。

1. 你认为养成这个习惯的成本大于收益吗？

2. 如果有必要，相对于其他习惯你愿意把这个习惯列为优先级吗？

3. 你认为这个习惯正常／可以接受吗？

4. 你制订过有效的计划来养成这个习惯吗？

5. 你对自己养成这个习惯的能力有信心吗？

第 13 章
突破常规

我们已经探讨过养成新习惯和改掉旧习惯的细微差别。现在我们将研究习惯的另一面：如果我们变得太过习惯化了会怎样，又该如何应对呢？

我们有可能太过习惯化了吗？答案是肯定的。习惯在构建我们的生活体系和日常行为方面具有不可思议的强大力量，但当我们变得过于僵化和顽固时，我们适应环境变化和体验新事物的能力就会受到限制。大多数时候我们都按部就班、墨守成规，有时候也会做点不同寻常的事。我们使用电脑上的默认浏览器，按同样的顺序逛超市，走同样的路线，吃同样的食物，等等。

太习以为常会让我们在日常活动中失去觉察力，让我们的行为变得完全出于习惯而不具有足够的意图。这意味着我们可能会做一些对自己无益的事，而且会继续做下去，因为它们已经变成自动化和下意识的行为。

例如，一个人总是习惯吃同样的食物或总是去同一个地方，那么他就可能错过新的潜在的能带来奖赏回报的体验。或者有人总是采用同样的方式应对压力，那么当他遇到新的无法预料的压力时就会变得不知所措。

理想的生活状态是在保持健康习惯与灵活应对新环境、新体验之间找到平衡点。在本章中，我们将探讨如何做到这一点。

习惯化的后果

如果我们发现自己总是在做长年累月都在做的事，日复一日重复我们的习惯而几乎没有变化，那么将会发生什么？就让我们从这个问题开始吧。如果不能保持觉察力而是太过习惯化，就会导致隧道视野，并使我们的价值观和意图与行为脱节。

隧道视野

隧道视野主要是指对周围的信息缺乏关注。这种隧道视野会让我们陷入旧有的习惯模式里，即使新兴的、变革的或者更高效的方式变得触手可及，我们仍会故步自封。这种现象在大型组织的成员中很常见，尽管技术的进步可以大大提高他们的日常工作效率，但他们仍倾向于继续使用旧有的程序和软件系统。

你是否会因为对健康有益或者自己喜欢就每天做同样的运动或吃同样的早餐呢？还是说你能够去尝试做一些自己更感兴趣或者更有益于你的事呢？

你知道的，我曾经练过举重而且也是真的喜欢，过了几年后，当我问自己我训练的目标到底是什么时，我才意识到我训练的目标并非一直止步于让自己变得越来越强壮——这可是举重的主要内容之一。我的训练目标包括希望提高机动性和灵活性，并以一种功能性的方式进行训练。因此，举重已经无法再为我新确定的训练目标服务。有意思的是，我发现自己有时候仍会将举重的原理运用到功能性训练中，米奇便提醒我，不是每个训练阶段都需要举重。

知行脱节

习惯化的第二个后果是它会造成我们的看法、价值观和意图与行为脱节。我们的价值观和意图会变，我们会获得新知识并形成对事物的新认知，而我们的习惯却依然如故。

例如，尽管我们知道使用习惯追踪器对培养新习惯很重要，但我们仍然不会经常使用它——除非我们意识到意图与行为之间的这种脱节。同样，我们也知道睡前刷手机会影响睡眠质量，但我们仍然会出于习惯而刷个不停。

过于习惯化是行为缺乏灵活性的表现。这会影响我们有效解决问题、转变观念、改善行事方式、实现工作效率最大化、学习新技能、富有创造力或与他人互动交流的能力。行为缺乏灵活性就会摒弃创新，让我们做事基于情境依赖（出于自动化习惯）而非目标导向（根据知识和意图行事）。因此，过于习惯化会对我们如何度过此生、如何善待自己以及如何为人处事产生影响。

值得庆幸的是，我们可以通过训练行为的灵活性来对抗隧道视野和知行脱节。你照样可以拥有强大的习惯，而在其他方面的行为又不失机动性和灵活性。

行为灵活性

行为灵活性是指我们根据内外部环境的变化对行为做出的适应性改变。它描述的是我们"灵活运用"核心行为和增加行为种类的能力，从而使我们能够以最有效的方式而非一成不变的方式来应对各种情况。在本质上它反映的是我们的适应能力。

　　这里的"能力总和"一词指的是一个人习惯使用的技能和行为类型的范围、储存库或集合。通过增加我们的行为能力总和，我们可以拓展自己会自然而然使用到的行为的范围。

　　例如，你在一个团队工作，团队里的成员来自不同领域，他们具有一系列各不相同的沟通风格，如果你是一个行为灵活的人，就能识别并适应同事们的各种风格迥异的沟通方式。对一些团队成员，你会使用更直接的沟通方式，而对另一些人则会采用更委婉、更客气的方式。如此一来，尽管每个人的沟通方式存在差异，你也能和团队中的所有成员进行有效的沟通与合作。

　　另一个关于行为灵活性的例子是，一个人可以同时承担多个项目，在多种任务间自由切换，他为任务设置优先级，随时调整策略以适应不断变化的需求。这种能力在快节奏的工作环境中特别有用，因为在这种环境下，任务的优先级会随时变动，员工们必须学会快速适应以便迎接新的挑战。

　　至于行为缺乏灵活性的情况，让我们以工作中的老板们为例。一般来说，他们会是一个非常有决断力的领导者，他们促使事情发生，推动业务发展，并最终赢得战斗。这种决断力对公司的发展大有裨益，直到有一天团队中的一名骨干成员因为私人问题找到他们。他们向员工吼叫，可这是解决不了问题的。这种做法只会让员工觉得领导没有人情味，从而又制造出一个即时性问题。如果不采取那么专断的方式，这原本是可以避免的。

或者以一个默默无闻又可靠的人为例。一切都井然有序、安全可靠，但他的内心深处却异常孤独。当这个人和一群朋友外出时，他会与其中的某个人产生共鸣，但他完全找不到勇气邀请对方出去喝一杯咖啡——这远远超出了他的行事范围。因为他不想冒险，所以一个潜在的灵魂伴侣就这样错失了。

行为灵活性是指看到同一行为的两面性——对通过新途径寻求解决方案持开放态度。这样，具有行为灵活性的专断老板就知道什么时候该将态度缓和下来，试着用一种不那么咄咄逼人的方式来获得更好的效果。

你上回第一次做某件事是什么时候

提高行为灵活性需要发掘你行为中很少被使用到的方面——也许与你在特定情境下的惯常行为正好相反。例如，你天生是个害羞或拘谨的人，你可能不会大声说话或主动交谈。要改变这一点，你只需要反其道而行之：大声说话，主动交谈，分享自己的观点。同理，如果你是一个比较外向的人，想要提高行为灵活性，你可以更加专注于倾听，成为房间里那个保持沉默的人，安静地观察周围发生的一切，而不是让自己成为焦点。

不过我必须提醒你，这说起来容易做起来难。你看，我们的自然倾向和熟悉的环境形势是那么令人感到舒适。它们为我们提供了一种安全感和可预测性。而当我们遇到新的不同以往的事物时，我们的不确定感、焦虑感甚至恐惧感就会被触发，这当然会令人不舒服，毕竟我们是习惯的产物。我们的大脑天生就喜欢寻找熟悉的模式和惯例，任何偏离这些模式的行为都会引起压力反应，那是因为大脑会将变化视作对稳定性和安全感的威胁。当我们面对新情况时，我们就可能不知道该如何采取行动或者该期待什么。因此，我们通常不会走出自己的舒适圈以不同的方式行事。人类对未知的事物有一种天然的抵触情绪，因为从本质上讲，这意味着最终的失控。事实就是，即便这些未知的事物是善意的甚至是对我们有利的，情况也是如此。

你也许一直以来都认为，在一家知名企业每年获得 5 万美元的年薪就是你能赚到的收入的天花板。这么多年来，你也许一直在告诉自己，你是一个焦虑的人，以至于如今你已经把焦虑视作定义自己身份的标签，将焦虑和恐惧纳入关于真实的自我是什么的信念体系。你也许成长在一个思想封闭的社交圈或者使你现有信念得到强化的环境里。你也许从不知道自己也可以向现有政治和宗教提出质疑并形成新的见解。你也许从不曾想过自己也能变得整洁，具有很棒的时尚感，获得内心的满足，甚至去周游世界。

突破常规会使人觉得难堪、怪异，显得自己格格不入。但这正是问题的关键所在。俗话说，如果行动总是一成不变，那么你得到的结果也总是一成不变。我们在尝试新事物或改变生活方式的过程中，感觉不适是正常现象。承认并接纳这些感受，并关注走出我们的舒适区所带来的成长的潜在好处，这可能会有所帮助。通过不断磨炼，这种不适感就会变得更加可控并逐渐消失。写到这里，我想起了我的一项研究中的参与者亚历克斯的故事。这是一项临床研究，旨在确定养成新习惯和改掉旧习惯哪一个对于我们进行长期性体重管理和维持整体健康状况更有效。[1]改掉旧习惯组（被称作"突破常规"组）会在一周中随机的某一天和随机的某个时间收到短信，短信中涉及他们需要完成的任务。这些任务包括"今天听一个新的广播电台或音乐类型""给一个久未联络的朋友或亲戚打电话""选择不同的路线开车上班""换个地方吃午餐"——在12周的时间里，参与者们收到的这类信息可以列出一串长长的任务清单。

研究结束后，当亚历克斯再次来到实验室进行干预后测试时，我注意到他挂着拐杖在走廊里一瘸一拐地蹒跚而行。

我便问他怎么受伤了，他笑着和我分享了自己的故事。他说自己正沉浸在尝试新事物的乐趣中，他还完成了很多额外的任务，例如使用非优势手吃饭、学习萨尔萨舞课程、上音乐课等。一个特别的早晨，在穿牛仔裤的时候，亚历克斯决定不要像往常一样先穿左腿而是改为先穿右腿。就在这时，他失去了平衡摔倒在地扭伤了脚踝——于是就拄起了拐杖。他觉得这很滑稽，他还提到，尽管如此，这并不能阻止室友们和他一起做点不同寻常的事——虽然他们并没有尝试过穿牛仔裤。

我还采访了"突破常规"组的不少其他参与者，想探究一下在这个试验项目中他们都经历了什么。尽管在干预初期做不同以往的事的确让一部分人感觉有些不舒服，但他们普遍认为自己很享受这种逐渐被拉出舒适区的感觉。他们这样说道：

"这个项目让我思考得更多，也让我更加清楚地意识到想要改变生活方式就必须做点什么。事实上，除了你短信中指定的任务，我已经开始寻找更多的事情做了。我会自己设计小游戏来打破一成不变的生活。"

"我就想'我会投入其中''我能做到的''我可以试一试'，这样思考也给了我信心去想'我可以走 10 公里的路'。在参与这个项目之前我甚至连想都不敢想，我只会觉得'这种事情不可能发生'。"

"我现在仍然试着做点不一样的事。我会更加有意识地关注饮食和运动。我看待事物的方式也发生了改变。"

"做点不同寻常的事会让你转变思维，这种转变不仅仅是有意识的，也是不自觉的。"[2]

听到这些太令人振奋了，更令人激动的是看到参与者的陈述与客观测量结果是一致的，这表明，那些突破常规的参与者的幸福感显著提升，对改掉旧习惯形成健康行为的开放性也显著增强，而他们的抑郁和焦虑水平则显著降低。

在"突破常规"组中，有一位参与者给邻居烤制了纸杯蛋糕，他们因此开始攀谈起来，现在已经成为最好的朋友。有一位参与者主动在当地的救济厨房当起了志愿者，他在那里遇见了另一位志愿者，两人相爱了并在三年后结婚了。还有两位参与者，他们分别发现了自己的园艺爱好和对萨尔萨舞产生了深厚的兴趣。这样的例子不胜枚举。事实证明突破常规能让人真正活出自我。

为什么要保持灵活性

大多数人都曾经后悔过，但我们通常误以为人们之所以后悔是源于自己所犯的错误：某次喝得太多弄得自己很尴尬；在有毒的关系中耗得太久了；面对孩子们自己又失控了；明明吃不下了却又点了一份冰激凌。但新的研究表明，在生活中我们不一定会为做什么而后悔，却一定会为没有做过什么而后悔。后悔没有抓住机会，没有去申请某个工作，没有跟某人交流，没有去某个地方旅行，没有进行某项投资。归根结底，我们是在后悔让机会溜走了。

这是来自你内心的呐喊，呼唤你走出舒适区，去探索自己斑驳陆离的内心世界。突破常规并不一定能帮助你改掉某些特定习惯，但它能让你更有效地打破惯常的行为模式。

当我们尝试新事物时，我们大脑的多个区域和神经通路会发生一系列变化。首先，负责制订计划和做决策的前额叶皮质（大脑反思系统）会变得更加活跃，因为它要试图寻找处理新任务的最佳方法。其次，在大脑的奖赏中心有一个叫纹状体的区域，它会因为期待成功完成新任务可能带来的积极结果而被激活。它会创造一种想继续尝试的兴奋感和动力。此外，大脑也可能参与到一个被称作认知灵活性的认知过程中，它是指在寻找解决问题的策略时能在不同思维方式之间切换的能力。这能帮助我们适应新任务并提出创造性的解决方案。总而言之，突破常规会导致大脑发生一系列变化，因为它在努力适应并学习新技能。这种变化刚开始会让人觉得是一种挑战，但它最终会提高我们的认知灵活性，并发展出新的神经通路。

突破常规让我们摆脱单调乏味的生活日常，去挑战自我，做点不同寻常的事。正是这样，我们才得以体验到生活的丰富多彩之处。这就是为什么突破常规已被证实可以提升幸福感、快乐值、复原力，并减轻压力。[3]在不确定性中保持舒适感是一种美好而稀有的挫折复原力。能容忍不确定性的人，其焦虑和抑郁情绪会少很多，当压力来临时，他们也能很快从中恢复过来。相反，对不确定性的不接纳则强烈预示着焦虑和抑郁。

重新定义不确定性并将其视作生命的神秘之美，认识到不必去掌控未来并从中获得身心灵的自由，这是我们需要练就的一种强大心态。怀着好奇心看待事物，顺其自然而不是试图控制叙事，这才是真正的解脱。

现在我向你发出挑战，请你亲自去试试。本章末尾的活动将指引你在本周做三件不同寻常的事。你可以选择任何你喜欢的事，无论是建议清单里有的还是你自己想出来的都可以。本周我会换不同的路线开车上班，改为下午去健身房而不是像往常一样进行晨练，我还会用新的食谱做饭。这个方法可以慢慢地帮你重新安排你的日程，为你创造更多的空间去专注当下，并带给你更多的新体验，最终让你的人生变得更加精彩和充实。

小　结 _____

- 习惯在构建我们的生活体系和日常行为方面具有不可思议的强大力量，但当我们变得过于僵化和顽固时，我们适应环境变化和体验新事物的能力就会受到限制。

- 理想的生活形态是在保持健康习惯与灵活应对新环境、新体验之间找到平衡点。

- 如果不能保持觉察力而是太过习惯化，就会导致视野狭隘，并使我们的价值观和意图与行为脱节。

- 行为灵活性是指我们根据内外部环境的变化对行为做出的适应性改变。它描述的是我们"灵活运用"核心行为和增加行为种类的能力，从而使我们能够以最有效的方式而非一成不变的方式来应对各种情况。在本质上它反映的是我们的适应能力。

- 你可以通过逐渐重新调整你的生活日程和惯常模式——例如尝试一种新的食物或聆听不同类型的音乐——提高你的行为灵活性。

活动

做点不同寻常的事

提高行为灵活性涉及如何识别你的行为中很少被使用到的方面——也许与你在特定情境下的惯常活动正好相反。例如，你倾向于在同一家咖啡馆用餐，那么就选择去一家的新的咖啡馆。或者，如果你通常在开会的时候保持沉默，那么为了提高行为灵活性，你可以尽量分享自己的观点和看法。所有这些都是在突破常规。

使用下面的示例来创造性地做点不同寻常的事——或者提出你自己的想法。在笔记本或日志簿上写下你的三个选择，并将它们安排到你一周的日程安排中。

"应当做的事"示例

- 报纸：更换或停止购买某种报纸。
- 杂志：购买并阅读不同的杂志。
- 广播 / 播客：更换频道或者重新开始收听某个频道。
- 食物：尝试你之前从未吃过的东西，要敢于冒险。

- 旅行：去一个新的地方或者换一条新的路线去熟悉的目的地，例如工作单位或者你最爱的海滨小镇。

- 公众会议：去当地的市政厅或其他有公众会议的地方。

- 运动：尝试瑜伽、乒乓球、板球或者游泳。

- 绘画：拿起你的钢笔、铅笔、颜料或者木炭——只要你乐意什么都可以。

- 观看体育赛事现场直播：任意选择一场比赛并观看。

- 慈善活动：任意选择一个当地团体并去那里帮忙。

- 家务：做点新的家务活，无论是洗衣服还是做点手工都可以。

- 阅读：选择一些你平常不会涉猎的内容。它可以是阅读一本晦涩难懂的图书或者八卦杂志。

- 写故事：不限主题，可长可短。

- 看电影：独自一个人去看一场电影。

- 联络：给一个久违的朋友或亲戚打电话。

- 购物：逛一家新的商店。

第 14 章
目标设定的要素和陷阱

我必须承认，如果我看到自己正在阅读的书中有关于目标的章节，那么我可能会偷偷地翻个白眼，然后默默叹息。如果我正在参加一个研讨会，其间，一场关于目标设定的会议与另一场关于"看着油漆变干"的会议正同时举行，我想我会忍不住想去看油漆如何变干。我的意思是，目标的设定似乎是一个老生常谈的再基础不过的话题了。然而，改变习惯首先要有突破常规寻求变化的愿望，这一愿望需要通过设定目标来实现。所以，请跟随我吧，因为事实上，关于如何设定目标还有一些非常有趣且有价值的细微差别，正是这些精微之处决定着我们是成功还是半途而废。

我们大多数人都会设定目标，但又有多少目标真正得以实现并坚持下来呢？多数新年决心到 2 月就被抛之脑后。我们的目标就这样年复一年周而复始地被设定又被放弃。那么，设定目标还有意义？答案当然是肯定的。一旦改变成

为习惯，我们就不再需要依靠目标来维持——本章后面还会
详细介绍。但是，想要做出改变，我们却需要从设定目标开
始。如果没有目标，我们就很容易迷失方向，变得漫无目
的，不知下一步该何去何从。

　　在本章中，我们将深入探讨有效设定目标的一些关键循
证技巧，无论对于你的职业生涯、人际关系、身心健康、财
务状况、思维方式，还是生活的其他方方面面，你都可以通
过设定出色的目标来提高你成功的概率。接下来，我们将介
绍目标设定的注意事项——我称之为"目标设定的要素"和
"目标设定的陷阱"。如果这些注意事项能够得到有效改正，
目标就会成为强大的动力：它们将激励你前行，提高你的专
注力和成功率。

　　为便于我们达成共识，我想从目标的定义开始。目标的
定义在20世纪70年代被概念化，直到今天研究人员一致认
可目标的定义为：目标是"行动的导向或最终结果，通常指
在特定的时间限度内，熟悉程度达到特定的标准"。[1]

> 目标会成为强大的动力：它们将激励你
> 前行，提高你的专注力和成功率。

我们的一些目标会有终点——也许是一个具体的时间节点或结果，例如完成某个项目或达到某个里程碑。其他像关于个人成长或自我提升类的目标，则可能是持续的或不断发展的，例如养成习惯进行日常冥想练习或者培养更好的沟通技巧等。这些持续性的目标更多的是随着时间的推移不断追求进步、提升自我，而非止于达到某个特定结果。同样，我们的一些目标可能是关于养成并长期保持健康生活习惯的，例如均衡饮食或定期锻炼。这类目标就是持续性的，不一定有明确的终点。

为什么目标很重要

目标是成功的基本要素，目标为我们铺就了明确而清晰的道路，让我们得以专注于特定的任务。无论是开始新的行为还是要将其长久地坚持下去，我们都需要目标。有了目标，我们才能乐在其中并感到动力十足。没有目标，我们就可能在生活中随波逐流，缺乏向着高峰攀登的雄心壮志。

> 目标为我们铺就了明确而清晰的道路，
> 让我们得以专注于特定的任务。

目标通过以下几个重要作用机制影响我们的行为：

1. **目标具有导向作用。**它们将我们的注意力和精力引向与目标相关的行为，并远离与目标无关的行为。这发生在认知和行为层面。例如，研究人员注意到，在驾驶任务的多个方面收到反馈的人，在他们设定了目标的方面提高了他们的表现，而在其他方面却没有。[2]

2. **目标使我们的精神和身体都充满活力，给我们带来更高的动机水平。**

3. **目标激励我们持之以恒地坚持自己的期望行为。**与研究中没有目标的参与者相比，为自己要完成的任务设定了具体目标的参与者坚持的时间要长得多。[3] 同样，当生活想出其不意地刁难一下我们的时候，目标能帮助我们咬牙坚持下去。因为当胸中怀着对某种结果的憧憬，我们就会为了把憧憬变成现实而做出更长久的努力。

4. **目标能提升我们的奖赏体验感和成就感。**假设你成功地达成了一个目标，你会发现那种感觉真好，实在棒极了，你获得了满满的成就感——这便是奖赏。而如果你做成了同样一件事，却并未把它当作目标，你就不一定有这样的成就感。例如，你计划每周读一本书的一个章节并实现了这个目标，你会感觉很好。相比之下，在没有制订阅读计划的情况下通读完全书，虽然你也能从中找到阅读的乐趣，但你不可能像把阅读当作目标那样获得同样的成就感。我们通过实现既定目标建立起自信和自我效能感，提升奖赏感——我们需要通过这种获得奖赏的感觉来强化习惯和重塑大脑。

判断一种行为是否习惯化的关键指标是，我们是否能在即使缺乏目标时也能持续做某事，我们称之为"目标独立性"。但要实现目标独立性，我们首先要确立目标并始终如一地坚持下去，使其变成自动化习惯。巴勃罗·毕加索曾说过："我们必须坚信，成功抵达目标的唯一途径是制订计划，并在此基础上采取有力的行动。除此之外，别无他途。"

目标设定的三个基本原则是：

1. 有目标总比没目标好。

2. 一个具体的目标比一个泛泛的目标好。

3. 一个富有挑战性（但可实现）的目标比一个容易实现的目标好。

在目标设定的过程中要运用好目标设定的要素并避开目标设定的陷阱，请牢记这些原则。

目标设定的要素

你可能听说过 SMART 目标，对此我完全认同。它是指具体的、可衡量的、可实现的、相关的和有时限的目标。但在此我还想更深入地探试并概括一下我们在设定目标过程中会使用到的基本工具和技巧。这些都是我从数十年研究实践中提炼总结出来的诀窍。我们在前面的章节中已经涉及一些，在这里我只简要提及，但是借助有效设定目标这部分内容将它们做一个归纳总结十分必要，也是为了突出它们的重要性。

当你阅读这些关于目标设定的要素时，你可以结合自己当下的目标进行反思，以便确定这些目标是否具备了每个技巧或者是否需要改进。

决定

目标始于决定。英语中的"决定"一词来自拉丁语的"decidere"（译为"切断"）。切断一词由词根"de-"（译为"断开"）和后缀"caedere"（译为"切割"）组成。当我们做出决定时，即切断了其他选择和其他行动方案。

做出决定意味着确定、确立、认同、得出结论、解决、下定决心。决定会将我们与某种行动方案紧密相连——这是一种"承诺"。当我们承诺实现某个目标时，目标与成效之间的关联最为密切，这意味着当我们致力于实现自己的目标时，我们也更有可能梦想成真。

> 决定会将我们与某种行动方案紧密相
> 连——这是一种"承诺"。

能促使我们恪守承诺的两大关键因素并不让人感到陌生：

1. 目标带来的结果和奖赏对于你的重要性。

2. 你是否相信自己有能力实现目标——你的自我效能感。

当我们做出具体的决定时，对于想改掉的习惯，我们就能削弱其自动化；而对于想养成的习惯，我们就能增强其自动化。

反馈

在追求目标的过程中，我们需要看到某种进展才能使这种追求变得有效且可持续。如果你不知道如何追踪，那么你就很难甚至根本不可能顺应目标需求去调整你的策略。例如，你的目标是一天之内种 40 棵树，除非你知道自己已经种了多少棵树，否则就无法判断你是否实现了目标。

一旦人们意识到自己并未达成目标，他们通常会为了实现目标或加倍努力或改变策略。反馈就像是目标有效性的调节器，因为目标加反馈的组合比单独的目标更有效。

　　反馈的表现形态可以多种多样。它可以是通过习惯追踪器看到事情的进展，在体重秤上追踪体重，从银行账户里查询余额，获得来自朋友或同事的口头肯定，甚至是注意到自己心态上的变化。当我从背叛的创伤和广场恐惧症中恢复过来时，我会努力认可自己哪怕是最微小的胜利：第一次没有因为穿越购物中心而感到恐慌；第一次能够自己开车去上班；连续吃了 7 天营养早餐。多年以后，我仍然会注意到自己的成长并感恩自己取得了长足的进步，我早已不再是曾经那个躲在壳子里的女人。这样做也是提醒自己，我正在朝着正确的方向前进。当我放弃节食时也是一样。我记得自己吃了一碗全脂牛奶燕麦片，我为自己感到特别高兴，因为节食的吉娜是不敢沉迷于全脂牛奶的。现在的你并不代表将来的你，现在的你只是一个参照点。

　　然而，在追求目标的过程中，无论你采用何种方式接受反馈，都要把它变成一种有意识的经常性的行为。不要只关注什么时候能达到目标的终点，而是要看到在朝着目标前进的征途上你跨出的每一小步、你取得的每一个进步，以及你做出的每一次小小的改变。这种积极的强化将对你的意志力、动机水平和自我效能感产生奇迹般的影响，并最终助你走向成功。

内在动机

我们已经知道动机可以分为内在动机和外在动机。内在动机是由个体对行为本身的兴趣、行业带来的乐趣、个人获得的奖赏驱动的；而外在动机是由个体对外部需求的愿望驱动的，这种愿望通过获得金钱、被认可、取悦他人或避免受罚等外在奖赏来实现。

内在动机不仅是让你充满动力去追求成功的必要条件，与外在动机相比，内在动机对于产生更强的行为意图和做出更持久的改变也至关重要。通过外在动机驱使行为代表一种为达到目标而采取的手段，因此我们不可能太投入其中。

每天专注于你为了实现目标而采取的行动。当你坚持不懈地实践这些行为，成功终将到来。你只需心无旁骛地创造生活仪式、建立日常惯例，结果自会水到渠成。

你有实现目标的内在动机吗？是什么激发了你想要实现目标的斗志？

自我效能感

在前面的章节中，我将自我效能感描述为一种对自身能力的信念，尤其是坚信自己拥有面对挑战时仍能成功完成某项任务的能力。自我效能感是成功的最强预测因素，对于目标设定和目标承诺都至关重要。你需要相信自己能够且一定会实现目标，因此务必将目标调整到你确信自己能够达到的水平。

除了自我效能感，保持乐观的态度去设定自己的目标也有助于提高成功率。研究显示，希望和乐观（受自我效能感推动）等因素对于管理目标意义重大。

在一项针对 600 名吸烟者的研究中，研究人员发现自我效能感引导着戒烟的决定。因此，那些相信自己能戒掉烟的参与者决定戒烟。[4] 对不吸烟的结果感到满意引导着参与者坚持不吸烟。所以，尽管我们会对实现目标的结果感到高兴，但也只有当我们相信自己有能力实现目标时，我们才可能开始尝试去实现目标。

我知道攀登珠穆朗玛峰的训练会对我的心血管健康和身体素质产生奇效，不过说实话，我有高原反应，我没有自我效能感去攀登海拔 8848.86 米的山峰。但我清楚我可以沿着自己居住的黄金海岸附近的山脉走上半天。我坚信我有这个能力——我曾经这样做过也绝对可以再做一次。我们想真正致力于目标的实现，就必须首先相信自己有能力实现这个目标。

你全然地相信自己有能力实现目标吗？

挑战性

目标必须既具挑战性又有可行性。想想当你完成了一项富有挑战性的任务后自己是什么感觉——你会有一种成就感、自我满足感，你为自己感到骄傲。富有挑战性的目标会增强我们的动机，因为这样的目标不可能一蹴而就。要实现这样的目标，就需要我们掌握技能并运用策略，因此这会让我们倍受鼓舞、充满动力。

但如果我们好高骛远，设定了太富有挑战性的目标——也许是一个远远超出了我们的技能水平和能力范围的目标——我们无法实现它，就会因此感到不满、沮丧，并产生自我挫败感。因此，挑战必须处在最佳平衡点上，既不要太难也不要太容易。

在一项研究中，研究人员发现，与鼓励人们竭尽所能做到最好相比，设定具有特定难度的目标更能持久地带来出色的表现。[5] 他们因此得出结论，当人们被要求做到最好时，往往事与愿违。这是因为需要做到最好的目标没有外部参照点，它是异乎寻常的。这将使可被接受的表现水平的衡量范围变得非常广泛，而如果目标水平是特定的，这种情况就不会发生。我对于最好的标准和你对于最好的标准可能是不同的。目标的特定性也并非一定能带来更出色的表现，因为具体每个特定目标的难度也是不同的。但是，我们在衡量表现时的确会发现，设立具有特定难度的目标可以通过降低实现目标的模糊性来缩小衡量表现水平的范围。我们只需要知道应该为我们的目标设定多大的挑战值。我的建议是从小处着手，使你的目标具有挑战性，同时又要让其保持在一个你相信自己有能力完成的水平上。

我们的动力来自成就本身以及对成就的期待，这正是吸引赌徒们一次又一次回到老虎机前的原因。

你的目标既有挑战性又有可行性吗？

复杂性

目标的复杂性与目标的难度系数和挑战值的高低息息相关。复杂的目标涉及的行动需要大量的技能和专注力。

虽说必须让目标具有一定的挑战性，但它不应该过于复杂。过于复杂的任务会对我们的自信心、工作效率和动机水平产生负面影响。当任务过于复杂时，我们往往会拖延行动。

当面对远远超出其技能水平的复杂目标时，即便是最有进取心的人也会产生幻灭感。因此，应当将一个复杂的目标分解为更小的、更容易实现的任务。例如，你之前从未滑过旱冰，而你又想成为滑旱冰的高手，那么你的目标就应当是踏踏实实地练习如何滑旱冰，而不是玩各种花哨的技巧。或者你想开始烹饪健康食物，那么你就应当寻找简单的易于制作的食谱，而不是试图参考复杂精致的食谱。

你的目标是否过于复杂吗？

计算成本

这将是你从本书中学习到的重要的工具之一。要知道设定目标是一回事，真正采取必要行动又是另一回事。计算成本涉及你需要付出什么才能将自己设定的目标落到实处。

我们往往以舒适为导向。我们愿意亲近熟悉的事物，而对陌生的事物产生抗拒，即便这些令人不适的事物在客观上于我们更为有利。大多数人只有在不改变自己的生活方式会让自己更不舒服时，才会不得不做出改变。因为每一次的改变都伴随着成本的消耗，伴随着牺牲和重新适应。

例如，我为自己设定了一个改善睡眠的目标，因为我知道这对于我的健康和幸福来说是非常重要的事情之一。当我想到为了获得更好的睡眠质量需要做出多大牺牲时，我发现我需要：

- 少喝含咖啡因的饮料。
- 避免或减少酒精的摄入。
- 睡觉前两个小时不看任何电子屏幕（包括手机、电脑和电视）。
- 制定睡眠时刻表，每天差不多同一时间睡觉和起床。
- 也许要重新安装遮光效果好的窗帘。
- 准备接受我的社交生活受到的影响。

只有当我认为这些牺牲是值得的，我才可能将目标坚持下去。只有当保持现状的痛苦超过了改变的痛苦，改变才会发生。

你的新生活将以旧生活的终结为代价。至少，改变会让你脱离舒适区、失去方向感和熟悉感。它会消耗你的时间和精力，甚至可能让你舍弃原有的社交圈。然而核心的问题是，你正在牺牲一切是为了重新塑造一个与过去全然不同的你。

反思一下为了达成目标你可能需要做出的牺牲，以便帮助你计算成本，并在整个过程中都秉持现实的态度。

为了实现目标，你需要做出哪些牺牲？这些牺牲值得吗？

避开目标设定的陷阱

当我们开始朝着一个目标前进时，我们总是希望达到终点。但是，怀着美好的愿望去获得期待的结果却似乎永远也无法真正实现，人生再也没有比这更令人沮丧的了。为了帮助你提高成功率，这里有一些我经常遇到的目标设定中的陷阱，以及该如何避开它们的方法。

目标太大、太远、太多

最常见的目标设定陷阱是设定的目标太大、太远、太多。这样的目标列表更像是圣诞老人的礼物清单，而非切实可行的愿望。我们知道，大脑最多只能一次做出三个改变。因此，将你为自己设定的目标限制在三个以内，这会大大增加你实现目标的机会，也不至于让你的大脑不堪重负。

我们中的那些学霸型的人可能不太喜欢听到这一点，我当然也不以为然。于是，我试图欺骗这个系统，将自己的目标设定为养成五个小习惯。这些习惯并不是很离谱，只不过是一些日常目标而已，也就是每天早餐之前喝两杯水、冥想五分钟、写下三件感恩的事、至少运动 30 分钟和吃一块水果。我以为凭借我掌握的关于神经科学和习惯改变方面的知识，我完全可以一次养成五个习惯。我使用习惯追踪器来记录我的进程，可是我发现自己每隔几天就只能管理好其中的一些习惯。你肯定会说，这是因为在执行这些习惯的过程中我没有保持一致性。我又尝试了一周，但还是出现了同样的情况。

坦白地说，我的确觉得同时养成五个习惯让我感到不堪重负并产生认知疲劳——这一点我不愿意承认却又无法否认。我的这个计划显然是行不通的。于是，我划掉了冥想五分钟这一项，将我要养成的习惯缩减为四个。我想这回我肯定能驾驭四个小习惯。但是又过了几个星期，我仍然无法每天练习所有的习惯，要同时养成四个习惯实在是一件苦差事。即使所有的事情都有利于我的健康和幸福，但这不是一个令人愉快的过程。所以，我遵照科学的说法，将自己的习惯缩减为每天只剩三个。这就是我要做的全部，每天坚持不懈地练习我的新习惯，让自己看到一个写满进展情况的丰富多彩的习惯追踪器。时至今日，我依然在坚持这三个习惯。这件事给我的启示是，即使你具有高超的信息处理能力和实施变革的能力，你也不能违背科学，那就是我们的大脑无论在任何时候都最多只能一次做出三个改变。

因此，给自己设定一些微小的习惯，从小处着手，当这些微习惯变得更加习惯化时，在此基础上再进行层层叠加。记住一点，简单改变行为。尽管想要勇往直前的确对我们充满了诱惑，但重要的是不要操之过急。你需要的是长期的坚持，所以给你的大脑和身体足够的时间去创建它们需要建立的新的神经连接。只要坚持不懈，你的新习惯就将成为你的第二天性，你也终将成功实现自己的目标。

缺乏触机一响应关联

设定一个没有与触发因素关联起来的目标，需要持续的记忆力、觉知力和意志力——我们知道这些都是易逝的可耗竭的资源。我们无法长期依赖意志力和自控力，我们必须创建触机－响应关联。这样，当我们想养成的习惯遇到它的触机时，这个习惯就会被自动触发。这是我们即使在自控力低下或者疲惫时仍然能继续执行习惯的唯一方法。触机、响应和奖赏，就是我们创造长期的可持续改变的诀窍。

小 结

- 目标能产生实现预期结果所需的动机、意志力和专注力。
- 设定目标让我们的精神和身体都充满活力，激励我们持之以恒地坚持自己的期望行为，鼓舞我们的斗志，并提升我们的奖赏体验感和成就感。
- 目标设定的要素包括决定、反馈、内在动机、自我效能感、挑战性、复杂性和计算成本。
- 目标设定的陷阱包括：目标太大、太远、太多，没有将目标与触发它的提示信息关联起来（没有建立触机—响应关联）。

活 动

活动 1

目标设定要素在实践中的运用

现在轮到你将刚刚学到的目标设定要素运用到实践中了。这种反思性的活动可以在你需要的时候帮助你改进完善自己的目标。当你发现自己的目标对你来说意义非凡，并且意识到实现目标能最大限度地发掘你的潜能时，它也将极大地激发你的动力。

拿出你的笔记本或日志簿，逐一完成你的三个目标，并尽可能全面地回答这些问题和提示。

- 你是否就自己想要实现的目标做出了具体的决定？
- 你将如何衡量自己的进步？（你将如何接受反馈？）
- 你有实现这个目标的内在动机吗？
- 你是否坚信自己有能力实现这个目标？
- 这个目标是既有挑战性又有可行性吗？
- 这个目标是否过于复杂？
- 为了实现目标，你需要做出哪些牺牲？这些牺牲值得吗？

活动 2

你的目标是否切合实际

为了帮助你保持实现目标的动力，请拿出你的笔记本或日志簿，针对每个目标逐一回答以下四个问题，看看你的目标是否切合实际：相关性、丰富性、一致性和激励性。你对每个问题的回答应该是肯定的。如果不是，你可能需要重新审视自己的目标，让它们与你的总体预期结果和你的价值观保持一致。

- 相关性：这个目标是否适用于你想要实现的总体目标？

- 丰富性：这个目标是否会改善或提高你的生活质量？

- 一致性：这个目标与你的价值观和信念一致吗？

- 激励性：这个目标是否能激励你？实现这个目标的想法让你感到兴奋吗？

第 15 章
应对挫折

挫折是人生的一部分。它不是个"存在与否"的问题，而是个"何时降临"的问题。因此，在本章中，让我们谈谈当你遭遇到不可避免的挫折时该如何应对，并看看能让你迅速振作起来的五大关键策略是什么。

成功不是一个线性过程

跌倒是人生道路上很平常、很自然，也是意料之中的事。就像打嗝一样，它不会把你变成失败者，只是让你成为一个正常的人。这个世界上哪怕是最成功的人也会有失误和挫折。他们之所以成功，不是因为他们避免挫折的能力有多强，而是他们有百折不挠地从挫折中重整旗鼓的能力。

你也许听说过《哈利·波特》的作者 JK. 罗琳的故事。大学毕业后，罗琳一直努力寻求在写作上的成功。她当过秘书，靠福利救济金生活。同时，她还得作为单身母亲抚养自己的小女儿。尽管遭遇到出版商的无数次拒绝，罗琳却从未放弃过要成为作家的梦想。

在罗琳开始写作她的第一本书《哈利·波特与魔法石》的那年，她的母亲在与多发性硬化症进行长期斗争后不幸离世。在接下来的几年时间里，罗琳都挺了过来，依然坚持写作，虽然找到了代理人，但她仍然面临着阻碍。她的第一本书在遭到了12家出版商的拒绝后才被布鲁姆斯伯里公司选中。

尽管经历了这么多的悲痛和困难，罗琳从不言弃，她的书也最终大获成功，赢得了评论界的赞誉和一批忠实的粉丝。此后她又陆续出版了该系列小说的其他6部，"哈利·波特系列"特许经营品牌也成为一种文化现象，衍生出电影、主题公园和其他相关商品。

我脑海里浮现出的另一个故事是关于奥普拉·温弗瑞的。奥普拉出生在美国密西西比州乡下一个贫困家庭，她的整个童年都充斥着数不清的挫折。她成长在一个不正常的家庭，遭受过性虐待，不断与其他个人问题进行抗争。即使面临重重挑战，奥普拉还是培养出自己对新闻的热情，并在22岁时找到一份在巴尔的摩担任新闻主播的工作。然而几年后，她却因为"不适合电视行为"被解雇。奥普拉并没有因此选择放弃，而是把这段经历当作学习的机会，还在芝加哥找到了一份主持晨间脱口秀的工作。这档节目一炮而红，奥普拉也凭借其迷人的个性和引人入胜的叙事风格迅速成为晨间电视领域深受喜爱的人物。

20 世纪 90 年代中期，奥普拉又经历了一次挫折。在播出了一期有关疯牛病的节目后，她遭到了牛肉行业的起诉。这场诉讼持续时间长达 6 年之久，奥普拉为此损失了数百万美元，但她拒绝退缩，最终在法庭上赢得了这场官司。尽管屡遭挫折，奥普拉依然继续坚持构建自己的媒体王国，并最终推出自己的电视网络。如今，她已成为脱口秀历史上非常成功和有影响力的人物之一。

罗琳和奥普拉的故事证明，身处逆境时复原力、意志力和决心的力量有多么强大。改变习惯并重塑你的部分日常生活可能是"前进两步，后退一步"的过程。是走向成功还是偏离目标的区别在于你能否重新振作起来，以及选择在何时用何种方式让自己重整旗鼓。最好的策略不是避免失败，而是为失败做好准备。

> 最好的策略不是避免失败，而是为失败做好准备。

重新振作起来的五大关键策略

让我们详细了解一下在你遭遇挫折后重新振作起来的五大关键策略：复原力、日程安排、一致性、自我效能感和自我同情。

1. 复原力

复原力是指战胜困难或迅速从困境中恢复过来的能力，它代表着韧性水平。成为一个拥有复原力的人并不意味着不经历压力、情绪波动和痛苦。相反，复原力本身就是适应挫折并从挫折中复原的能力。

要是习惯的改变能一蹴而就，那我们早就过上了最美好的生活，拥有最健康的身体和心态。倘或如此，我们会获得充足的睡眠、营养和水，会时常冥想和阅读，我们从不会在不饿的时候吃东西。然而，改变完全不是这么回事。

婴儿在学会走路之前要先爬行，我们为他的第一次爬行喝彩。在学会站立并迈出人生的第一步之前，婴儿已经摔倒或跌落过很多次。然而，不能仅仅因为婴儿成功地完成了站立并向前迈出了一步，就认为这意味着他之后的每一次尝试都会成功。他们还会不断地摔倒、跌落，因为这是学习走路过程中的必经阶段，我们对这些摔倒的发生早有预期。

这就是习惯改变的原理。当你开始养成新习惯时，你可能会在一段时间内表现非常出色，然后当工作上遇到困难或者身体感觉不适时，你的习惯也会被搁置一段时间，你的生活又重新回到旧有的模式。然后，你会重新振作起来，重拾自己想要养成的新习惯，这一次你会把更多的时间花在新习惯上。这样的循环还会持续下去，因为生活总是会给我们带来无穷无尽的挑战。

每一次当你重拾被荒废掉的习惯时，你似乎都感觉一切又要从头再来，而事实上，每一次你对新习惯的熟练程度都在不断提高，从而使你在下一次再做此事时变得越来越容易。你执行这个习惯的次数越多，它就变得越自动化，你的神经通路也会变得更加强大。

每一次跌倒后都要重新站立起来，不要把任何挫折看作是你不成功或者已经失败的标志，而要把一切挫折都当作学习、成长和完善自我的机会，这就是复原力的本质。

想想托马斯·爱迪生的励志故事吧，他经历了 1000 次失败的尝试才发明了电灯泡。当记者问他："失败 1000 次是什么感觉？"爱迪生回答道："我没有失败 1000 次。发明电灯泡就需要 1000 个步骤。"爱迪生没有把这些所谓不成功的尝试看作失败，哪怕一次也没有。他把每一次尝试都当作成功的铺路石。这是一个关于复原力的精彩实例。

人们很容易用二元对立的思维方式看待改变——要么成功要么失败。但是不应该将旧习惯反弹看作失败或者将其视为放弃改变的理由。相反，应当将反弹视作获得洞察力的机会，尽可能诚实地反思出现反弹的原因，以及在下次尝试改变时如何避免或克服它。研究一再表明，保持这种心态对于改变根深蒂固的习惯至关重要——因为习惯太容易反弹，以至于在成瘾领域中治疗方法通常被称作"预防复发"，即认可成瘾治疗在强化积极因素的同时，要尽可能地防止消极因素。[1]

为了训练你的复原力，遭遇挫折时不要等到明天、下周一甚至下个月才重新振作起来。就是今天，此时此刻，以最快的速度让自己重整旗鼓。假设你一顿饭吃得过饱，不要想"今天又被我搞砸了，不如明天重新开始吧"。你要对自己说："我只是吃多了一点，没关系的。这种事时不时就会发生。在今天剩下的时间里我还可以好好吃饭，好好尊重自己的身体。"心态真的很重要，因为它可以塑造我们的生理机能。正如压力的影响取决于你选择如何看待它一样，采取何种方式看待每一次挫折也是你的选择——是把它看作一次失败还是一次学习成功之道的机会呢？

2.　日程安排

我们中的一些人思考问题喜欢走极端，我一直就是个"要么全有要么全无"的极端主义者，直到我意识到这对自己没有好处。我太糟糕了！记得我二十出头的时候正在节食，有一天，我妈妈给了我一个苹果，我便吃了它，吃完才意识到苹果不在自己当天的饮食计划里。那天下午接下来的时间里，我便一直在责备自己没有坚持自己的计划。我觉得自己是个失败者。设想如果自己吃的是松饼或甜甜圈，那该有多糟糕。我想说很开心，我再也不是个非此即彼的人了。改变我的是这样的逻辑：阻碍你实现目标的不是某一次挫折带来的单个影响，而是没有及时恢复到原有状态造成的累积影响。

熬夜一晚并不会对你的身体造成太大影响，错过一次锻炼计划也不至于让你变得不健康。但是，如果你长期得不到充足的睡眠，长时间完全不运动，那么想要达成自己的健康目标就会更加困难。

重新振作起来的策略就是想方设法地坚持你的日程安排，无论这个行为有多么微小。我合作过的一位客户叫米娅，她的日程安排得十分紧凑。她每天工作很长时间，但她想把自己的健康问题放在更重要的位置。有一天，米娅计划下班后出去跑步 30 分钟。可是工作有点令人抓狂，她的会议超时了，眼看着时间一点点从身边溜走。当米娅抬头看表时，她意识到在准备和朋友共进晚餐之前，她只剩下 15 分钟去完成自己的跑步计划了。

此时，面对这种情况米娅只有两条路：

第一条路："15 分钟的时间不够我跑步。"她说服自己最好把时间花在完成更多的工作上。

第二条路："15 分钟的时间不够我完成预期的跑步行为，但足够我做一些负重运动，这样还是能让身体活动起来。"她缩小了计划的范围，仍然坚持了下班后活动身体的日程安排。

假设米娅选择第二条路，她将带给自己的精神和身体一次巨大的胜利。这个好处一定非得是做负重运动，更重要的是她坚持了自己的日程安排，从而强化了下班后运动的习惯。这会使她计划下班后运动这件事在下次变得更加容易，因为她大脑的神经通路已经得到强化。

当我开始举重时，教练给我制订了一个训练计划，其中包括每周三次去健身房晨练。训练了几周后，我得了重感冒。我感觉状态很差，知道自己的身体需要休息，可我不想失去正在形成的早上去健身房的发展势头，因为这个习惯还处在养成的早期阶段，如果中断了，想要重新回到原有的节奏可能需要费点功夫。于是，我把叫早的闹钟调到平常训练的时间，照样穿上运动服，钻进车里，流着鼻涕和眼泪开车去了健身房。我并没有下车，只是将车停了一会儿就直接开回了家，然后重新躺到床上。我无法进行举重练习，但我可以继续按照日程安排做准备并去健身房。一旦我感觉身体好起来了，坚持去健身房的习惯就会变得容易起来，因为我每天早上都在强化它。

如果你无法按照原定计划不折不扣地执行自己的计划，以你能做到的最低限度让自己按照日程安排行事，这将以超乎你想象的速度帮助你更快复原。设想一下你可能遭遇到的障碍，并为该如何坚持自己的习惯制订一个计划，这将具有重要意义。例如，你想做一顿健康的晚餐，却被工作困住了，你该怎么做才能照样吃上营养的晚餐呢？就我个人而言，在那些日子里，我会准备好几顿的食物放到冰箱里。如果需要的话，我也可以在家附近的餐馆预订健康外卖。在本章末尾的活动中，你将有机会列出自己实现目标过程中的潜在障碍清单，并提出解决这些障碍的办法，以便你能够按日程安排行事。

3. 一致性

我们已经探讨过一致性的重要性（详见第 10 章），在这里我们仍需提及，因为一致性是养成健康习惯的秘诀。保持一致性绝对是实现长期改变的重要策略之一。

坚持不懈。尽你所能去做，尽可能多地去做。一直做下去，直到最后你感觉它就像是你的第二天性，继续前进，走得再远一点。如果有必要，你可以改变习惯养成的规则，让你的微习惯变得更加微小。但是，你首先要开启自己的习惯养成之旅并保持一致性，这将在你的大脑中为你的新习惯建立起神经通路。

助你跨越成功之门的是一致性，而非强度。所以，你只需要坚持不懈。

> 坚持不懈。尽你所能去做，尽可能多地去做。

4. 自我效能感

在第 8 章中，我们强调了动机和成功的最强预测因素是自我效能感：相信我们有能力实现我们为自己设定的目标。自我效能感是你对自身能力的一种信心和笃定，是指绝对相信自己"能够"且"必将"实现自己的目标。你越自信且越相信自己有能力实现目标，你就越可能梦想成真。

不久前，我参加了一个关于开展实施性研究的研讨会，研讨围绕如何改变医疗从业人员的行为展开。在包括知识、技能、意图和社会影响等在内的诸多领域中，自我效能感是影响力最强的主题。对于一位长期进行某种手术操作的外科医生来说，他可能知道最新的研究成果显示采用不同的技术会更有效，但除非他相信自己有能力做到，否则他是不会改变惯用方式的。

　　拥有了自信你就拥有了犯错的自由，你就能把挫折视作短暂的障碍加以应对。每一天都专注于你的目标，反复写下它们，不断重温它们。你可以展开想象的翅膀，尽情幻想你已经实现了自己的目标。阅读那些能赋予你能量的充满积极信息的肯定性语言，它们能摧毁你的限制性信念，增强你的赋能性信念。锲而不舍地坚持下去，假以时日，你的大脑就会将旧有的自我限制性信念全部改写，你的新的赋能性信念将会成为新常态。我们相信自己能成为什么样的人，我们就能成为什么样的人。

　　开始攻读博士学位前的几年，我度过了我称之为"嬉皮士"的阶段。我的人生经历过许多个阶段——滑冰女孩阶段、节奏蓝调阶段、公路旅行者阶段，然后是嬉皮士阶段。在嬉皮士阶段，我穿有机棉，在当地的有机农贸市场购物，吃扁豆汉堡，只喝蒸馏水。我遇到过一些人，他们跟我说"你的思想和信念创造了你的现实""显化它，它就会发生""你吸引你所关注的"。我也看到过愿景板、肯定语和自我宣言。老实说，我把这一切都当作是胡扯。我信奉努力工作，将自己投入其中，为自己想要的生活奋斗。我相信命运和天意，从不曾想过只要对某种东西保持专注，就能将其吸引到自己的生活中来。这一切对我来说毫无意义。我信奉的是如果你想要什么，你就努力去争取。然而，剧情发生了转折。

当我开始对神经科学产生兴趣后，我接触到了网状激活系统（RAS）。RAS 是位于脑干中的神经网络，它在调节人的觉醒、注意力和意识方面起着关键作用。它也就相当于你的小拇指那么大，却对你的生活有着不可思议的影响。RAS接收身体各个部位传递的感觉信息，并向大脑发送信号——大脑皮层负责有意识的觉知和决策。除此之外，RAS 还参与过滤不相干或不必要的信息，使我们得以专注重要细节。就像电脑一样，人脑也有过滤功能。这种过滤功能是由我们专注且认同的东西来编程的。这就是常言所说的它是我们主张的范式的所在地。

为什么当你买了一件新 T 恤，你会突然发现其他人也穿着同样的 T 恤，尽管之前你从未注意到这一点，原因就在于RAS。这也就是为什么当你买了一部新手机，你外出时就会开始更频繁地注意到相同型号的手机。这同样也是你能在嘈杂的房间里清楚地听到有人叫自己名字的原因。从本质上说，RAS 是为我们专注且格外珍重的、能证明我们身份和信念的事物创建的一个过滤器。这个过滤器无休止地过滤着我们每天接收到的数百万比特的数据，目的是向你呈现你认为重要的东西。

因此，如果你曾经有过某种经历让你相信自己能力不足，RAS 就会通过这个过滤器镜头对每一次经历进行过滤，并寻找支持你能力不足这一观点的信息（即便这可能并非事实）。你的信念体系已经通过你启动 RAS 的方式以及你看待世界的视角而得到强化和巩固。

你若是个悲观主义者，总是消极地思考问题，那是因为你的 RAS 过滤器已经被编程为向你提供消极的数据，这些数据支持你认为事情可能会搞砸的信念。同样的道理，你若是个乐观主义者，总是积极地思考问题，那是因为你的 RAS 过滤器展示给你的不再是问题和障碍，而是一个充满无限可能和机遇的世界。如果你为 RAS 预设的程序是寻求机会、探索解决办法、找到你能实现目标的理由，它就会向你展示相关数据以坚定这一信念。

科学证明，我们的思想和信念的确可以创造我们的现实。如果你相信自己有能力实现目标，大脑就会通过强调你能够并且必将成功的所有理由来支持这一信念。这就会激励你采取行动从而迈向成功。始终不渝的想法会转化为信念，进而产生行动，并最终取得成果。因此，尽管我们的思想、信念、身份、行动和结果之间的关系是复杂的且多方面的，但我们可以得出这样的结论：我们的思想、信念和身份影响着我们的行为和选择，进而影响到我们在生活中体验到的结果。当我们始终如一地坚持某种想法，它就会变成一种信念，从而塑造我们的世界观并影响我们的行动。这些行动将导致反映我们信念和行为的结果产生。

我们可以通过想象、肯定和正念来重新连接和重新塑造我们的 RAS。经过坚持不懈的实践，我们就能培养更加积极的心态，并将注意力集中到我们确实有能力实现我们为自己设定的目标的理由上来。

对自我效能感的肯定

以下是一些积极肯定的例子，有助于塑造你的 RAS，提高你的自我效能感：

- 我很健康。
- 我配得上。
- 我很可爱。
- 我很有信心。
- 我能做到。
- 我吃对身体有营养的食物。
- 我很有韧性。

- 我很在意我的健康。
- 我有这个能力。
- 我很强大。

肯定的力量在于重复和相信。通过不断练习对自我效能感的肯定，我们可以重新调整心态，强化我们对自我及自身能力的信念。这种自我效能感将点燃我们投入其中的热情，激励我们矢志不渝地去行动，即使面对挫折也能泰然自若地勇往直前，因为那些"要么全有要么全无"的极端主义想法已经被消除。要练习自我效能感，就要相信你能够且必将实现自己的目标，并对此满怀期待。拥有这种心态，你将拥有强大的内心。

5. 自我同情

应对挫折的最后一个也是我很喜欢的策略之一就是自我同情。自我同情是指像对待朋友一样给予自己善意、温柔和关怀。最大和最成功转变来自于自爱、自我同情，而不是自我厌恶。

如果我让你列出所有你热爱的东西，你需要多长时间才能说出你热爱自己？自我同情不是自我放纵，例如"哦，继续……今天就按下闹钟的贪睡按钮再睡 15 分钟吧"。自我同情也不是自我怜悯。爱孩子的父母不会说:"好啊,你想做什么就什么。"这不是关心和爱护。真正爱孩子的父母会设定界限和规则,但所有这些都是出于对孩子的关爱。

自我同情就是要认识到我们都是人,人生而不完美,谁也不例外。我曾经为一些大型的全球性组织举办过研讨会并发表主题演讲。当我与高端经理人和各自领域的高技能人士交谈时,我喜欢在一开始让全体起立,从而创造出一种人类共同体的体验感。之后我会请他们坐下,需要满足的条件是他们曾经打算做一件事结果却做了另一件事,或者希望自己更有自控力,或者有一个一直无法改掉的习惯。结果每一次,100%的人都会对其中至少一种说法产生共鸣,然后坐下来。是的,我们都会摔倒跌落,也都会渴望做得更好,渴望成为更好的自己。

克里斯汀·内夫在她的《自我同情:接受不完美的自己》一书中将自我同情描述为深度认同自己的价值,关心自己的长期福祉。[2] 吃一块蛋糕不一定是自我放纵,而是关爱自己的表现,但如果吃掉整个蛋糕就会阻碍我们发挥全部的潜能。

自我同情包括共情、仁慈、宽恕、关爱、温柔和其他一切表示只接纳不评判的同义词。你不必在一夜之间实现所有目标。你也不必为自己的现有状态感到羞愧,你只需要专注今天能做的每一件小事，就能让你更靠近自己的目标。慢慢地、轻轻地、一步一个脚印，你就能够也必将抵达自己心中的向往之地。

> 慢慢地、轻轻地、一步一个脚印，你就能够也必将抵达自己心中的向往之地。

与自我同情相反的是自我批评，它与不幸福感、对生活的不满和自我破坏密切相关。如果你不喜欢某样东西，你就没有动力好好对待它。如果你认为自己是个失败者，那么你的行为方式就会与这些想法一致。如果你告诉自己挫折是任何成功故事的一部分，那么你就不光有能力应对生活的压力，还能在压力中茁壮成长。自我同情的感觉很好，它让你产生一种想要善待自己的感觉，因为你值得被善待，见表 15-1。

表 15-1 自我同情与自我批评

自我同情	自我批评
• 知道我们都是不完美的，犯错是我们学习和成长的方式 • 明白我们的能力远远超过我们取得的成就 • 努力实现自我	• 将错误视作失败，陷入消极的自我对话循环中 • 通过自身表现和外部成就来评判自我价值 • 努力追求完美

自我同情是一种慷慨练习。有了自我同情，我们就会有意识地接纳当下的痛苦，怀着善意和关爱拥抱自己。记住，不完美是人类共同经历的一部分。一瞬间的自我同情可以改变你的一整天，一系列这样的瞬间汇聚起来足以改变你的人生轨迹。

> 一瞬间的自我同情可以改变你的一整天，一系列这样的瞬间汇聚起来足以改变你的人生轨迹。

瞄准努力的方向

放弃"要么全有要么全无"的想法。在你尝试改变习惯和制订计划时，允许自己犯几次错是一回事，在犯错时如何防止沮丧和失败的情绪产生又是另一回事。

如果你又重新陷入了旧习惯，你可能会想："我真的还能改得掉这个习惯吗？"你可能会开始怀疑自己并很容易选择放弃。我建议你多看看自己已经取得的成功。也许你正在尝试戒掉软饮料，并且已经连续坚持了三天。第四天你喝了一杯软饮料，结果这一天接下来的时间你都感觉自己很失败。

你已经好几天不喝软饮料了，即便之后喝了一杯也不能因此抹杀掉你这几天的坚持。记住一点，前进还是放弃，选择权在你自己手中。

朝着既定的方向努力而不是追求完美。不要只专注你的终极目标以及你与目标之间的距离有多远。记住，只要你做的比自己预期的要多，你就是最棒的。

小 结

- 挫折是生活中很自然、不可或缺的一部分。对于挫折，我们不是要避开它们，而是要迅速从中振作起来。
- 这五大关键策略将帮助你重新振作起来，迅速回到正轨：
  1. 复原力
  2. 日程安排
  3. 一致性
  4. 自我效能感
  5. 自我同情
- 朝着既定的方向努力而不是追求完美。

活动

你的重振计划

想想你实现目标的潜在障碍，并列出可能的解决方案，以便你坚持自己的日程安排，保持新习惯的一致性。你可以利用你的行动意图（如果……那么……），正如你在第 5 章练习养成新习惯时那样：如果（潜在障碍），那么（可能的解决方案 / 替代行动）。你可以为每个目标制订多个"如果……那么……"计划，因为在实现目标的过程中你可能会遇到多个潜在障碍。

使用下面的例子，在笔记本或日志簿上分析要达成的每个目标的潜在障碍，并写下可能的解决方案。

目标示例：吃健康的晚餐

如果（潜在障碍）	那么（可能的解决方案 / 替代行动）
如果我被工作困住，没有时间做健康的晚餐	那么我会加热我之前准备好的冷冻的家常饭菜

结　语

在本书即将完结之际，我想回顾一下整个旅程。在前面的章节中，我们探讨了习惯的科学原理，我们为什么会形成习惯，以及我们用于养成新习惯和改掉旧习惯的实用策略。我们了解到支配我们行为的力量有两种：意图和习惯。意图是大脑的反思系统，它做出有意识的决定；习惯是大脑的冲动系统，它代表自然而然的、自动化的和下意识的行为。

我们知道了习惯如何影响我们的生活日常、身心健康、工作效率、人际关系，以及对自我身份的定义。我们还了解到，探索习惯的运作方式和神经学原理有助于我们做出有意识的决定，从而获得想要的结果——规划我们的人生，而不是随波逐流。

本书的核心要义是让我们充分认识到习惯不是天定的。我们可能是习惯的产物，但我们并非无力改变。无论是减肥、戒烟、加强运动，还是提高工作效率，我们都可以通过学习如何养成习惯来帮助我们实现自己的目标和愿望。这也许并不容易，但却有望成真。

你目前拥有的每一个习惯都是可以改变的。成功并不意味着一定要达成某个特定的目标或者跨越某个终点线，它是一个创建系统和不断完善的动态过程。

养成新习惯的秘诀在于保持一致性和情境依赖性重复。当我们坚持不懈地做某事，久而久之，它就会变得越来越容易，越来越自动化。它会融入我们的生活并成为我们的第二天性。它对我们究竟有益还是有害则取决于我们养成的是什么样的习惯。如果想养成积极的习惯，我们就需要从小事做起——事实上，它可以小到微不足道——专注一致性，只要现身去做就好。当遭遇挫折时，我们要心怀自我同情并重新振作起来，保持足够的耐心。设定宏大的目标和期望做到最好往往徒劳无益，我们要通过一系列小小的成功来创建一个动力激发系统，从而提高自己的自我效能感并增强改变的决心。

另一个重要启示是习惯总是被触发的：它们具有情境依赖性。我们所处的环境、社会规范和文化价值观都在影响着习惯的养成和坚持。如果我们想改变自己的习惯，就要清楚地意识到驱动行为的是触机和奖赏。我们需要关注导致不良习惯和无效习惯产生的触机，并采取策略来打破这种模式。我们还要营造相应的环境来支持新习惯的养成，使其更有可能长期坚持下去。

我们从习惯研究中获得的最有力的启示也许就是我们都拥有人类共同的体验：我们不是一个人在战斗。无论我们来自世界的哪个角落，都有自己想要摒弃的习惯和想要养成的习惯。我们在尝试改变这些习惯时也都将面临挑战。我毕生的事业都是致力于习惯改变方面的研究和实践，但我仍会遭遇挫折。我也有过这样的经历，原本打算做一件事结果却做了另一件。和你们一样，我也是人。长久以来，我们一直都在试图运用意志力和自控力，现在我们知道，意志力和自制力都是可耗竭的资源，不可能长期依赖。因此，对于生活中想要长期坚持的行为，我们必须养成习惯，因为习惯的运作不需要自控力。

在结束本书时，我想留给大家最后的思考。习惯不仅仅是实现目标的手段，更是你身份的投射和价值观的反映。习惯讲述着你的人生故事。你朝着创造新生活的目标迈出的每一步都将改变自己当下的状态。把这样的每一步汇聚起来将足以改变你的人生轨迹。当你养成了好习惯，这不光能改善你的身心健康、人际关系，提高你的工作效率，还能最大限度地发掘你的潜力。同样的道理，当你改掉了无效习惯，你不仅仅消除了负面行为，还解放了自己，让你过上自己真正想要的且值得拥有的生活。

　　没有什么比用积极习惯充盈起来的生活更令人身心自在的了。我希望此刻的你已经能够元气满满地去拥抱习惯的力量，并将这种力量运用于创造属于你自己的习惯革命。让我们从小事做起，坚持不懈，建立自我效能感，进而成就更大的事业；让我们专注驱动行为的环境和触发因素去营造一个获得支持的氛围，以便帮助我们始终行进在正确的轨道上。有了这些方法和改变的决心，我们的人生必将迎来转变。记住，一次改变一个习惯。

附　录

动机理论的具体细节

下面的表格重点突出了动机各个组成部分的影响因素，包括：是什么在激励我们并决定着动机的优先级，动机的优先级如何影响我们的行为，动机是如何变化的，以及动机如何因人而异。

这些信息显示驱使我们产生特定行为的影响因素包罗万象。

1. 动机的优先级

是什么在激励着我们并决定着动机的优先级？

生理因素	心理因素	社会因素
呼吸	感官愉悦	归属感
口渴	舒适感	被尊重
饥饿	安全感	有地位

（续）

生理因素	心理因素	社会因素
性欲	拥有感	被喜欢
威胁	刺激感	联结感
疼痛	满足感	有权势
探索	解脱感	互惠
疲惫	胜任感	公正
	和谐感	共情

2. 动机的进程

动机的优先级如何影响我们的行为？

生理因素	心理因素	社会因素
神经元活动	思考	传播
突触活动	感觉	社会影响
激素活动	联想	交流
	比较	效仿
	结合	

3. 动机的变化

动机是如何变化的？

生理因素	心理因素	社会因素
神经可塑性	联想学习	文化演进
成熟	归纳	群体动力
结构变化	演绎	
	分析	
	减少认知失调	
	习惯化	
	敏感化	
	认同感	

4．动机的差异

动机如何因人而异？

生理因素	心理因素	社会因素
遗传	个性	联结性
表观遗传	气质	行为规范
成熟	身份	文化
连接	个人规则	
结构差异	态度	
功能差异	欲望	
	目标	
	价值观	
	品味	
	习惯	

致　谢

　　我要感谢众多为本书创作奉献智慧的美丽灵魂，这种感激之情无以言表。

　　首先，感谢我亲爱的丈夫米奇，感谢你在整个写作过程中一直陪伴在我身边。你就像我的指路明灯，给我无尽的支持和鼓励。本书每一页的成稿都有你在其中扮演着各种不同的角色，你是我最忠实的啦啦队队长、最值得信赖的评论家、善解人意的试飞员、不知疲倦的知己和兢兢业业的编辑。你的爱与关心一直是我力量和灵感的源泉。

　　感谢我的父母罗伯和内文，每当想起你们为了确保我有机会在生活中脱颖而出所做的无数牺牲，我都会热泪盈眶。你们给予我无条件的爱并对我抱有坚定的信心，这些是我取得一切成就的基础，包括本书的写作。感谢你们鼓励我保持好奇心，激发我的学习热情。我会永远心存感恩，感恩你们的爱与指引。

感谢我的挚友莫妮卡和泰妮尔，在写作过程中，你们同我一道探讨每一个思路和想法，陪我跨越每一座高山、走出每一个低谷。你们是我心中的神奇女侠，在我质疑自己时给我慰藉，在我取得成功时与我同庆。感谢你们的不离不弃，倾听我絮絮叨叨，坦诚分享你们的意见。正是因为有你们热情守护我的愿望，给我非理性的无条件支持，我才得以梦想成真。

感谢我的经纪人西蒙，从我们相识的那天起你就相信我一定能完成此书的写作。如果没有你，这本书应该还一直处于文字在我脑海中飘荡的状态。感谢你对我的信任，感谢你的远见卓识和洞察力，感谢你温柔地将我推离舒适圈。你就是我的女王。

感谢我的编辑尼古拉和布雷安娜，以及我的出版商默多克图书公司的出版总监兼全能大师简，感谢你们坚定不移地追求卓越。你们的悉心指导和专业知识让本书的叙事能最大限度地以最完美的形式呈现出来。我由衷地感谢你们为本项目提供的宝贵意见和建议。

我还要向在我之前的那些研究人员表达最诚挚的谢意，感谢他们的开创性工作和默默奉献为我们认识习惯铺平了道路，这也为本书提供了坚实的框架。他们的名字也许不为人知，但他们的共同努力对我获取知识并形成见解产生了深远的影响。感谢他们为认识和理解人类行为所做的不懈努力，以及对习惯研究的贡献。

在此，我也要感谢你们，亲爱的读者，否则我就失职了。如果没有充满好奇和饱含热情的你们愿意与我一道开启这趟文字之旅，那么本书将只能是纸上谈兵。感谢你们给了我的文字一个可以安放的家，是你们为这些文字注入了生命力。

我希望本书能带给你们启迪和反思，并赋予你们灵感。它也许已经在挑战你们对人生的预设，激发起你们的好奇心，加深了你们对自己奇妙大脑的认知。你们能作为一名读者参与到这趟旅程中，对我来说这是一份不可思议的礼物，我衷心感谢你们的支持。

最后，我要感谢参与本书制作的所有幕后工作者，向你们致以最深切的谢意。你们所做的贡献，无论大小，都对本书的问世起到了至关重要的作用。衷心感谢！

吉娜

注 释

前言

1. G. Cleo, E. Beller, P. Glasziou, et al., 'Efficacy of habit-based weight loss interventions: a systematic review and meta-analysis', *Journal of Behavioral Medicine*, 2020, vol. 43, pp. 519–32, <link.springer.com/article/10.1007/s10865-019-00100-w>.

2. G. Cleo, 'Maintaining weight loss: a look at habits', PhD thesis, Bond University, 2018, <research.bond.edu.au/en/persons/gina-cleo/studentTheses>.

3. G. Cleo, P. Glasziou, E. Beller, et al., 'Habit-based interventions for weight loss maintenance in adults with overweight and obesity: a randomized controlled trial', *International Journal of Obesity*, 2019, vol. 43, pp. 374–83, <nature.com/articles/s41366-018-0067-4>.

4. G. Cleo, J. Hersch & R. Thomas, 'Participant experiences of two successful habit-based weight-loss interventions in Australia: a qualitative study', *BMJ Open*, 2018, vol. 8, no. e020146, <bmjopen.bmj.com/content/8/5/e020146>.

5. E. Perel, *The State of Affairs: Rethinking Infidelity*, New York: HarperCollins, 2017.

6.　"创伤性事件是指造成身体、情感、精神或心理伤害的事件。经历痛苦事件的人可能会因此感觉身体受到威胁或处于极度恐惧状态。当事人需要寻找支持，并需要一定的时间才能从创伤性事件中恢复过来，重新获得情绪和心理上的稳定。" J. Cafasso with M. Boland, 'Traumatic events', Healthline, 14 April 2023, <healthline.com/health/traumatic-events>.

7.　"创伤后应激障碍（PTSD）曾被称为炮弹休克。这是一种严重的病症，通常发生在患者经历或目睹了造成严重身体伤害、威胁的创伤性事件或者恐怖事件后。创伤后应激障碍是创伤性折磨造成的一种持久后果，会引发患者强烈的焦虑、无助或极度的恐惧。" S. Bhandari et al., 'Posttraumatic stress disorder', WebMD, 31 August 2022, <webmd.com/mentalhealth/post-traumatic-stress-disorder>.

第 1 章　什么是习惯

1.　W. James, *Talks to Teachers on Psycholog y and to Students on Some Insights of Life's Ideals*, Cambridge, Massachusetts: Harvard University Press, 1983 (first published 1916).

2.　W. Wood, J.M. Quinn & D.A. Kashy, 'Habits in everyday life: thought, emotion, and action', *Journal of Personality and Social Psycholog y*, 2002, vol. 83, no. 6, pp. 1281–97, <pubmed.ncbi.nlm.nih.gov/12500811>; B. Veazie, 'Foundation principles: keys to success of a behavioural-based safety initiative', *Professional Safety*, 1999, vol. 44, no. 4, p. 24.

3.　D.O. Hebb, *The Organization of Behavior: A Neuropsychological Theory*, New York: Wiley, 1949.

4.　S. Orbell & B. Verplanken, 'The automatic component of habit in health behavior: habit as cue-contingent automaticity', *Health Psycholog y*, 2010, vol. 29, no. 4, 374–83, <pubmed.ncbi.nlm.nih. gov/20658824>.

5. S. Orbell & B. Verplanken, 'The strength of habit', *Health Psycholog y Review*, 2015, vol. 9, no. 3, pp. 311–17, <tandfonline.com/doi/ abs/10.1080/17437199.2014.992031?journalCode=rhpr20>.

6. F.E. Linnebank, M. Kindt & S. de Wit, 'Investigating the balance between goal-directed and habitual control in experimental and real-life settings', *Learning and Behavior*, 2018, vol. 46, pp. 306–19, <link. springer.com/article/10.3758/s13420-018-0313-6>.

7. B. Gardner, C. Abraham, P. Lally et al., 'Towards parsimony in habit measurement: testing the convergent and predictive validity of an automaticity subscale of the Self-Report Habit Index', *International Journal of Behavioral Nutrition and Physical Activity*, 2010, vol. 9, no. 102, <ijbnpa.biomedcentral.com/articles/10.1186/1479-5868-9-102>.

第 2 章　习惯为什么会形成

1. R.W. Engle & M.J. Kane, 'Executive attention, working memory capacity, and a two-factor theory of cognitive control', *The Psycholog y of Learning and Motivation: Advances in Research and Theory*, 2004, vol. 44, pp. 145–99.

2. E.M. Krockow, 'How many decisions do we make each day?', *Psycholog y Today*, 27 September 2018, <psychologytoday.com/au/ blog/stretchingtheory/201809/how-many-decisions-do-we-make-each-day>.

3．L. Dumont, 'De l'habitude', *Revue Philosophique*, 1876, vol. 1, no. 1, pp. 321–66, translated in W. James, 'The Laws of Habit', *Popular Science Monthly*, February 1887, vol. 30, paraphrased in B. Verplanken, 'Introduction', in B. Verplanken (ed.), *The Psycholog y of Habit: Theory, Mechanisms, Change, and Contexts*, Cham, Switzerland: Springer, 2018, p. 2.

第 3 章　习惯与意图

1．R. Deutsch & F. Strack, 'Changing behavior using the reflective-impulsive model', in M.S. Hagger, L.D. Cameron, K. Hamilton et al. (eds), *The Handbook of Behavior Change*, Cambridge: Cambridge University Press, 2020, <cambridge.org/core/books/abs/handbook-of-behaviorchange/changing-behavior-using-the-reflectiveimpulsive-model/A35DBA6BF0E784F491E936F2BE910FF7>.

2．参考 S. Potthoff, D. Kwasnicka, L. Avery et al., 'Changing healthcare professionals' non-reflective processes to improve the quality of care', *Social Science and Medicine*, 2022, vol. 298, no. 114840, <sciencedirect.com/science/article/pii/S0277953622001460>.

3．S. Danziger & J. Levav, 'Extraneous factors in judicial decisions', *Proceedings of the National Academy of Sciences*, 2011, vol. 108, no. 17, pp. 6889–92, <pnas.org/doi/full/10.1073/pnas.1018033108>.

4．F. Strack & R. Deutsch, 'Reflective and impulsive determinants of social behavior', *Personality and Social Psycholog y Review*, 2004, vol. 8, no. 3, pp. 220–47, <pubmed.ncbi.nlm.nih.gov/15454347>.

5．A. Kalis & D. Ometto, 'An Anscombean perspective on habitual action', *Topoi*, 2021, vol. 40, pp. 637–48, <link.springer.com/

article/10.1007/s11245-019-09651-8>.

第 4 章　习惯的触机

1. K.P. Smith & N.A. Christakis, 'Social networks and health', *Annual Review of Sociolog y*, 2008, vol. 34, no. 1, pp. 405–29, <annualreviews. org/doi/abs/10.1146/annurev.soc.34.040507.134601>; K. Wright, 'Social networks, interpersonal social support, and health outcomes: a health communication perspective', *Frontiers in Communication*, 2016, vol. 1, no. 10, <frontiersin.org/articles/10.3389/fcomm.2016.00010/full>.

2. S. Fujii & R. Kitamura, 'What does a one-month free bus ticket do to habitual drivers? An experimental analysis of habit and attitude change', *Transportation*, 2003, vol. 30, pp. 81–95, <link.springer.com/article/10.1023/A:1021234607980>.

第 5 章　如何养成新习惯

1. Veazie, 'Foundation principles'.

2. S. Horowitz, 'Health benefits of meditation: what the newest research shows', *Alternative and Complementary Therapies*, 2010, vol. 16, no. 4, pp. 223–28, <www.liebertpub.com/doi/abs/10.1089/act.2010.16402>.

3. E.L. Deci & R.M. Ryan, *Handbook of Self-determination Research*, New York: University Rochester Press, 2002.

4. J. Jiang & A.-F. Cameron, 'IT-enabled self-monitoring for chronic disease self-management: an interdisciplinary review', *MIS Quarterly*, 2020, vol. 44, pp. 451–508, <misq.umn.edu/it-enabled-self-

monitoring-for-chronicdisease-self-management-an-interdisciplinary-review.html>.

5. S. Compernolle, A. DeSmet, L. Poppe, G. Crombez et al., 'Effectiveness of interventions using self-monitoring to reduce sedentary behavior in adults: a systematic review and meta-analysis', *International Journal of Behavioral Nutrition and Physical Activity*, 2019, vol. 16, no. 1, no. 63, <pubmed.ncbi. nlm.nih.gov/31409357>.

第 6 章　如何改掉旧习惯

1. B. West, *The Mountain Is You: Transforming Self-sabotage Into Self-mastery*, New York: Thought Catalog, 2020, pp. 6–7.

2. W. Wood, L. Tam & M.G. Witt, 'Changing circumstances, disrupting habits', *Journal of Personality and Social Psycholog y*, 2005, vol. 88, no. 6, pp. 918–33, <pubmed.ncbi.nlm.nih.gov/15982113>; B. Verplanken & W. Wood, 'Interventions to break and create consumer habits', *Journal of Public Policy and Marketing*, 2006, vol. 25, no. 1, pp. 90–103, <journals. sagepub.com/doi/10.1509/jppm.25.1.90>.

3. S. Orbell & B. Verplanken, 'The automatic component of habit in health behavior: habit as cue-contingent automaticity', *Health Psycholog y*, 2010, vol. 29, no. 4, pp. 374–83, <pubmed.ncbi.nlm.nih. gov/20658824>.

4. W. Wood, L. Tam & M.G. Witt, 'Changing circumstances, disrupting habits', *Journal of Personality and Social Psycholog y*, 2005, vol. 88, no. 6, pp. 918–33, <doi.org/10.1037/0022-3514.88.6.918>.

5. H. Garavan & K. Weierstall, 'The neurobiology of reward and

cognitive control systems and their role in incentivizing health behavior', *Preventive Medicine*, 2012, vol. 55, supplement, pp. S17–S23, <www.sciencedirect. com/science/article/abs/pii/S0091743512002186>; T. Beveridge, H. Smith, M. Nader & L.J. Porrino, 'Abstinence from chronic cocaine self-administration alters striatal dopamine systems in rhesus monkeys', *Neuropsychopharmacolog y*, 2009, vol. 34, pp. 1162–71, <www.nature. com/articles/npp200813>.

6. A. Lembke, *Dopamine Nation*, New York: Dutton, 2021.

7. S.A. Brown & M.A. Schuckit, 'Changes in depression among abstinent alcoholics', *Journal of Studies on Alcohol and Drugs*, 1988, vol. 49, no. 5, pp. 412–17, <pubmed.ncbi.nlm.nih.gov/3216643>.

8. Lembke, *Dopamine Nation*.

第 7 章　习惯的神经学原理

1. V. Balasubramanian, 'Brain power', *Proceedings of the National Academy of Sciences*, 2021, vol. 118, no. 32, no. e2107022118, <pnas. org/doi/full/10.1073/pnas.2107022118>.

2. M. Puderbaugh & P.D. Emmady, 'Neuroplasticity', in *StatPearls*, Treasure Island, Florida: StatPearls Publishing, 2023, <ncbi.nlm.nih. gov/books/NBK557811>.

3. C. Keysers & V. Gazzola, 'Hebbian learning and predictive mirror neurons for actions, sensations and emotions', *Philosophical Transactions of the Royal Society of London B Biological Sciences*, 2014, vol. 369, no. 1644, no. 20130175, <ncbi.nlm.nih.gov/pmc/articles/

PMC4006178>.

4. 'Cognitive dissonance', *Psycholog y Today*, <psychologytoday.com/au/basics/cognitive-dissonance>.

5. A. Huberman with A. Lembke, 'Understanding and treating addiction', *Huberman Lab* (podcast), <hubermanlab.com/dr-anna-lembkeunderstanding-and-treating-addiction>.

6. A.N. Gearhardt, C.M. Grilo, R.J. DiLeone et al., 'Can food be addictive? Public health and policy implications', *Addiction*, 2011, vol. 106, pp. 1208–12, <doi.org/10.1111/j.1360-0443.2010.03301.x>.

7. B. Lindström, M. Bellander, D.T. Schultner et al., 'A computational reward learning account of social media engagement', *Nature Communications*, 2021, vol. 12, no. 1311, <nature.com/articles/s41467-020-19607-x>.

第 8 章　微习惯

1. J.R. Paxman, A.C. Hall, C.J. Harden et al., 'Weight loss is coupled with improvements to affective state in obese participants engaged in behavior change therapy based on incremental, self-selected "Small Changes"', *Nutrition Research*, 2011, vol. 31, no. 5, pp. 327–37, <sciencedirect.com/science/article/abs/pii/S0271531711000674>.

2. B. Gardner, P. Lally & J. Wardle, 'Making health habitual: the psychology of "habit-formation" and general practice', *British Journal of General Practice*, 2012, vol. 62, no. 605, pp. 664–66, <bjgp.org/content/62/605/664>.

3. N.D. Weinstein, P. Slovic & M.S. Ginger Gibson, 'Accuracy and

optimism in smokers' beliefs about quitting', *Nicotine and Tobacco Research*, 2004, vol. 6, suppl. 3, pp. S375–S380, <academic.oup.com/ntr/article-abstract/6/Suppl_3/S375/1084740>.

4. A. Bandura, *Self-efficacy: The Exercise of Control*, New York: W.H. Freeman & Co., 1997, p. 101.

5. H. Ford, first published in *Reader's Digest*, September 1947, vol. 51.

6. B.J. Wright, P.D. O'Halloran & A.A. Stukas, 'Enhancing self-efficacy and performance: an experimental comparison of psychological techniques', *Research Quarterly for Exercise and Sport*, 2016, vol. 87, no. 1, pp. 36–46, <tandfonline.com/doi/abs/10.1080/02701367.2015.1093072>.

7. V. Van Gogh, letter to Theo van Gogh, 22 October 1882, letter no. 274, Van Gogh Museum of Amsterdam, <vangoghletters.org/vg/letters/let274/letter.html>.

8. E.A. Locke & G.P. Latham, 'Building a practically useful theory of goal setting and task motivation: a 35-year odyssey', *American Psychologist*, 2002, vol. 57, no. 9, pp. 705–17, <psycnet.apa.org/record/2002-15790-003>.

第9章　我们如何自我控制

1. S. Freud, *The Ego and the Id*, in J. Strachey (ed. and trans.), *The Standard Edition of the Complete Psychological Works of Sigmund Freud*, vol. 19, London: Hogarth Press, pp. 12–66 (original book first published 1923).

2. M.S. Hagger, C. Wood, C. Stiff & N.L. Chatzisarantis, 'Ego depletion

and the strength model of self-control: a meta-analysis', *Psychological Bulletin*, 2010, vol. 136, no. 4, pp. 495–525, <pubmed.ncbi.nlm.nih. gov/20565167>.

3．R.F. Baumeister, E. Bratslavsky, M. Muraven & D.M. Tice, 'Ego depletion: is the active self a limited resource?', *Journal of Personality and Social Psycholog y*, 1998, vol. 74, no. 5, pp. 1252–65, <pubmed. ncbi.nlm.nih. gov/9599441>.

4．M. Muraven & R.F. Baumeister, 'Self-regulation and depletion of limited resources: does self-control resemble a muscle?', *Psychological Bulletin*, 2000, vol. 126, no. 2, pp. 247–59, <pubmed.ncbi.nlm.nih. gov/10748642>.

5．R. Newsom with H. Wright, 'The link between sleep and job performance', SleepFoundation.org, 28 April 2023, <sleepfoundation. org/sleep-hygiene/ good-sleep-and-job-performance>.

6．M.S. Hagger, G. Panetta, C.M. Leung et al., 'Chronic inhibition, selfcontrol and eating behavior: test of a "resource depletion" model', *PLoS One*, 2013, vol. 8, no. 10, no. e76888, <ncbi.nlm.nih. gov/pmc/articles/PMC3798321>.

7．L.S. Goldberg, 'Understanding self-control, motivation, and attention in the context of eating behavior', MA thesis, College of William and Mary, Williamsburg, Virginia, 2017, <scholarworks.wm.edu/cgi/ viewcontent. cgi?article=1176&context=etd>.

8．L. Wang, T. Tao, C. Fan et al., 'The influence of chronic ego depletion on goal adherence: an experience sampling study', *PLoS One*, 2015, vol. 10. no. 11, no. e0142220, <ncbi.nlm.nih.gov/pmc/articles/ PMC4642976>.

9. Hagger, Wood, Stiff & Chatzisarantis, 'Ego depletion and the strength model of self-control'.

10. F. Beute & Y.A.W. de Kort, 'Natural resistance: exposure to nature and self-regulation, mood, and physiology after ego-depletion', *Journal of Environmental Psycholog y*, vol. 40, 2014, pp. 167–78, <sciencedirect.com/science/article/abs/pii/S027249441400053X>.

11. A. Keller, K. Litzelman, L.E. Wisk et al., 'Does the perception that stress affects health matter? The association with health and mortality', *Health Psycholog y*, 2012, vol. 31, no. 5, pp. 677–84, <pubmed.ncbi. nlm.nih.gov/22201278>; J.P. Jamieson, M.K. Nock & W.B. Mendes, 'Mind over matter: reappraising arousal improves cardiovascular and cognitive responses to stress', *Journal of Experimental Psycholog y: General*, 2012, vol. 141, no. 3, pp. 417–22, <ncbi.nlm.nih.gov/pmc/articles/PMC3410434>.

12. M. Friese & W. Hofmann, 'State mindfulness, self-regulation, and emotional experience in everyday life', *Motivation Science*, 2016, vol. 2, no. 1, pp. 1–14, <psycnet.apa.org/ doiLanding?doi=10.1037%2Fmot0000027>.

13. B. Khoury, M. Sharma, S.E. Rush & C. Fournier, 'Mindfulness-based stress reduction for healthy individuals: a meta-analysis', *Journal of Psychosomatic Research*, 2015, vol. 78, no. 6, pp. 519–28, <pubmed.ncbi.nlm. nih.gov/25818837>.

14. M.K. Edwards & P.D. Loprinzi, 'Experimental effects of brief, single bouts of walking and meditation on mood profile in young adults', *Health Promotion Perspectives*, 2018, vol. 8, no. 3, pp. 171–78, <pubmed.ncbi.nlm. nih.gov/30087839>.

第 10 章　改变习惯需要多长时间

1. M. Maltz, *Psycho-cybernetics*, excerpt, Penguin Random House, 2015 (first published 1960), see <penguinrandomhouse.ca/books/318795/psycho-cybernetics-by-maxwell-maltz-md-fics/9780399176135/excerpt>.

2. P. Lally, C.H.M. van Jaarsveld, H.W.W. Potts & J. Wardle, 'How are habits formed: modelling habit formation in the real world', *European Journal of Social Psycholog y*, 2010, vol. 40, pp. 998–1009, <onlinelibrary.wiley.com/doi/10.1002/ejsp.674>.

3. Gardner, Lally & Wardle, 'Making health habitual'.

4. Lally, van Jaarsveld, Potts & Wardle, 'How are habits formed'.

5. Lally, van Jaarsveld, Potts & Wardle, 'How are habits formed'.

6. W. Schultz, 'Dopamine reward prediction error coding', *Dialogues in Clinical Neuroscience*, vol. 18, no. 1, pp. 23–32, <tandfonline.com/doi/full/10.31887/DCNS.2016.18.1/wschultz>.

7. 'Mindful eating', The Nutrition Source, T.H. Chan School of Public Health, Harvard University, <hsph.harvard.edu/nutritionsource/mindful-eating>.

8. I.C.W. de Souza, V. Vargas de Barros, H.P. Gomide et al., 'Mindfulnessbased interventions for the treatment of smoking: a systematic literature review', *Journal of Alternative and Complementary Medicine*, 2015, vol. 21, no. 3, pp. 129–40, <www.liebertpub.com/doi/abs/10.1089/acm.2013.0471>.

9. M. Picard & B.S. McEwen, 'Psychological stress and mitochondria: a systematic review', *Psychosomatic Medicine*, 2018, vol. 80, no. 2, pp. 141–53, <ncbi.nlm.nih.gov/pmc/articles/PMC5901654>.

10. E. Epel, *The Stress Prescription: Seven Days to More Joy and Ease*, New York: Penguin, 2022, see <elissaepel.com/the-stress-prescription>.

11. J.P. Jamieson, W.B. Mendes, E. Blackstock & T. Schmader, 'Turning the knots in your stomach into bows: reappraising arousal improves performance on the GRE', *Journal of Experimental Social Psycholog y*, 2010, vol. 46, pp. 208–12, <pubmed.ncbi.nlm.nih.gov/20161454>.

12. M. Chaiton, L. Diemert, J.E. Cohen et al., 'Estimating the number of quit attempts it takes to quit smoking successfully in a longitudinal cohort of smokers', *BMJ Open*, 2016, vol. 6, no. e011045, <bmjopen.bmj.com/content/6/6/e011045>.

13. H.C. Becker, 'Alcohol dependence, withdrawal, and relapse', *Alcohol Research and Health*, 2008, vol. 31, no. 4, pp. 348–61, <psycnet.apa.org/record/2010-16227-005>.

14. A.E. Mason, K. Jhaveri, M. Cohn & J.A. Brewer, 'Testing a mobile mindful eating intervention targeting craving-related eating: feasibility and proof of concept', *Journal of Behavioral Medicine*, 2018, vol. 41, no. 2, pp. 160–73, <ncbi.nlm.nih.gov/pmc/articles/PMC5844778>.

15. B. Hathaway, 'Addicts' cravings have different roots in men and women', *Yale News*, 30 January 2012, <news.yale.edu/2012/01/30/addicts-cravingshave-different-roots-men-and-women>.

16. J.F. Sallis, M.F. Hovell & C.R. Hofstetter, 'Predictors of adoption

and maintenance of vigorous physical activity in men and women', *Preventive Medicine*, 1992, vol. 21, no. 2, pp. 237–51, <pubmed.ncbi. nlm.nih. gov/1579558>.

第 11 章　改变的秘诀

1. S. Michie, M.M. van Stralen & R. West, 'The behaviour change wheel: a new method for characterising and designing behaviour change interventions', *Implementation Science*, 2011, vol. 6, no. 42, <implementationscience.biomedcentral.com/ articles/10.1186/1748-5908-6-42>.

2. C. Keyworth, T. Epton, J. Goldthorpe, et al., 'Acceptability, reliability, and validity of a brief measure of capabilities, opportunities, and motivations ("COM-B")', *British Journal of Health Psycholog y*, 2020, vol. 25, pp. 474–501, <bpspsychub.onlinelibrary.wiley.com/ doi/10.1111/bjhp.12417>.

第 12 章　掌控动机

1. D. Mook, *Motivation: The Organization of Action*, New York: W.W. Norton & Co., 1996, p. 4.

2. C. VanDeVelde Luskin, 'Mark Lepper: intrinsic motivation, extrinsic motivation and the process of learning', *The Bing Times*, Bing Nursery School, Stanford University, 1 September 2003, <bingschool.stanford. edu/news/mark-lepper-intrinsic-motivation-extrinsic-motivation-and-process-learning>.

3. Locke & Latham, 'Building a practically useful theory of goal

setting'.

4. D.E. Bradford, J.J. Curtin & M.E. Piper, 'Anticipation of smoking sufficiently dampens stress reactivity in nicotine deprived smokers', *Journal of Abnormal Psycholog y*, 2015, vol. 124, no. 1, pp. 128–36, <ncbi.nlm.nih. gov/pmc/articles/PMC4332561>.

5. S. Kühn, A. Romanowski, C. Schilling et al., 'The neural basis of video gaming', *Translational Psychiatry*, 2011, vol. 1, no. e53, <nature. com/articles/tp201153>.

6. A. Huberman, 'Leverage dopamine to overcome procrastination and optimize effort', *Huberman Lab* (podcast), <hubermanlab.com/ leveragedopamine-to-overcome-procrastination-and-optimize-effort>.

7. A.J. Kesner & D.M. Lovinger, 'Wake up and smell the dopamine: new mechanisms mediating dopamine activity fluctuations related to sleep and psychostimulant sensitivity', *Neuropsychopharmacolog y*, 2021, vol. 46, pp. 683–84, <nature.com/articles/s41386-020-00903-5>.

8. T.W. Kjaer, C. Bertelsen, P. Piccini et al., 'Increased dopamine tone during meditation-induced change of consciousness', *Cognitive Brain Research*, 2002, vol. 13, no. 2, pp. 255–59, <pubmed.ncbi.nlm.nih. gov/11958969>.

9. A. Huberman, 'Andrew Huberman's light and sun exposure guide', Medium, 30 April 2022, <medium.com/@podclips/andrew-hubermanslight-sun-exposure-guide-dd62a43314df>.

10. D.C. Fernandez, P.M. Fogerson, L. Lazzerini Ospri et al., 'Light affects mood and learning through distinct retina-brain pathways', *Cell*, 2018, vol. 175, pp. 71–84, <pubmed.ncbi.nlm.nih.gov/30173913>;

L. De Nike, 'Study links exposure to light at night to depression, learning issues', Hub, 15 November 2012, <hub.jhu.edu/2012/11/14/light-exposure-depression>.

11. T.E. Foley & M. Fleshner, 'Neuroplasticity of dopamine circuits after exercise: implications for central fatigue', *Neuromolecular Medicine*, 2008, vol. 10, pp. 67–80, <link.springer.com/article/10.1007/s12017-008-8032-3>; S. Heijnen, B. Hommel, A. Kibele & L.S. Colzato, 'Neuromodulation of aerobic exercise – a review', *Frontiers in Psychology*, 2016, vol. 6, no. 1890, <ncbi.nlm.nih.gov/pmc/articles/PMC4703784>.

12. S. Kühn, S. Düzel, L. Colzato et al., 'Food for thought: association between dietary tyrosine and cognitive performance in younger and older adults', *Psychological Research*, 2019, vol. 83, pp. 1097–1106, <link.springer.com/article/10.1007/s00426-017-0957-4>.

13. A. Yankouskaya, R. Williamson, C. Stacey et al., 'Short-term head-out whole-body cold-water immersion facilitates positive affect and increases interaction between large-scale brain networks', *Biology*, 2023, vol. 12, no. 211, <mdpi.com/2079-7737/12/2/211>.

14. A.H. Nall, I. Shakhmantsir, K. Cichewicz et al., 'Caffeine promotes wakefulness via dopamine signaling in *Drosophila*', *Scientific Reports*, 2016, vol. 6, no. 20938, <link.springer.com/content/pdf/10.1038/srep20938.pdf>.

第 13 章 突破常规

1. Cleo, Glasziou, Beller et al., 'Habit-based interventions for weight

loss maintenance in adults with overweight and obesity'.

2. Cleo, Hersch & Thomas, 'Participant experiences of two successful habitbased weight-loss interventions in Australia'.

3. B. Fletcher & K.J. Pine, *Flex: Do Something Different*, Hatfield, Hertfordshire: University of Hertfordshire Press, 2012; Cleo, Glasziou, Beller et al., 'Habit-based interventions for weight loss maintenance in adults with overweight and obesity'.

第 14 章 目标设定的要素和陷阱

1. Locke & Latham, 'Building a practically useful theory of goal setting'.

2. Locke & Latham, 'Building a practically useful theory of goal setting'.

3. E.A. Locke, 'Motivation through conscious goal setting', *Applied and Preventive Psycholog y*, 1996, vol. 5, no. 2, pp. 117–24, <sciencedirect. com/science/article/abs/pii/S0962184996800059>.

4. T. Boardman, D. Catley, M.S. Mayo & J.S. Ahluwalia, 'Self-efficacy and motivation to quit during participation in a smoking cessation program', *International Journal of Behavioral Medicine*, 2005, vol. 12, pp. 266–72, <link.springer.com/article/10.1207/ s15327558ijbm1204_7>.

5. E.A. Locke & G.P. Latham, *A Theory of Goal Setting and Task Performance*, Englewood Cliffs, New Jersey: Prentice Hall, 1990.

第 15 章　应对挫折

1. S.M. Melemis, 'Relapse prevention and the five rules of recovery', *Yale Journal of Biolog y and Medicine*, 2015, vol. 8, no. 3, pp. 325–32, <ncbi.nlm. nih.gov/pmc/articles/PMC4553654>.

2. K. Neff, *Self-compassion: The Proven Power of Being Kind to Yourself*, New York: HarperCollins, 2011.